时尚的钩针编织
超实用毛衫

日本E&G创意　编著

项晓笠　译

河南科学技术出版社

· 郑州 ·

休息日午后公园的长凳，
下午茶时间香浓的咖啡，
侧耳倾听雨声的窗边，
夜深人静小憩的沙发……
在那些打动你的场景中，
轻松地享受钩织带来的愉悦吧！

目 录

A

网格钩织一字领套头衫

网格钩织简单易上手，可以轻松地完成。
这件作品下摆和袖口设计了可爱的松叶针花样，有锦上添花的效果。

钩织方法 p.38 设计 冈本启子 制作 宫崎满子

B

侧边系结背心

结合两种花样的V领背心，
侧边的开口使用系绳打结，
里面搭配宽松的衣物也完全没问题。

 钩织方法 p.40 设计、制作 水原多佳子

C

荷叶边袖套头衫

袖口的三层荷叶边，可爱温柔，是很适合成年女性的设计。
使用了高雅的灰色线材，让作品的效果不会太过于甜美，
便于搭配各种服饰。

钩织方法 p.42 设计 冈本启子 制作 水野 顺

D

V领背心

款式时尚的V领背心，搭在肩上，自然垂坠。
只需要钩织出长方形的织片，再进行组合，就能完成这款背心。
制作的过程既简单又有趣。

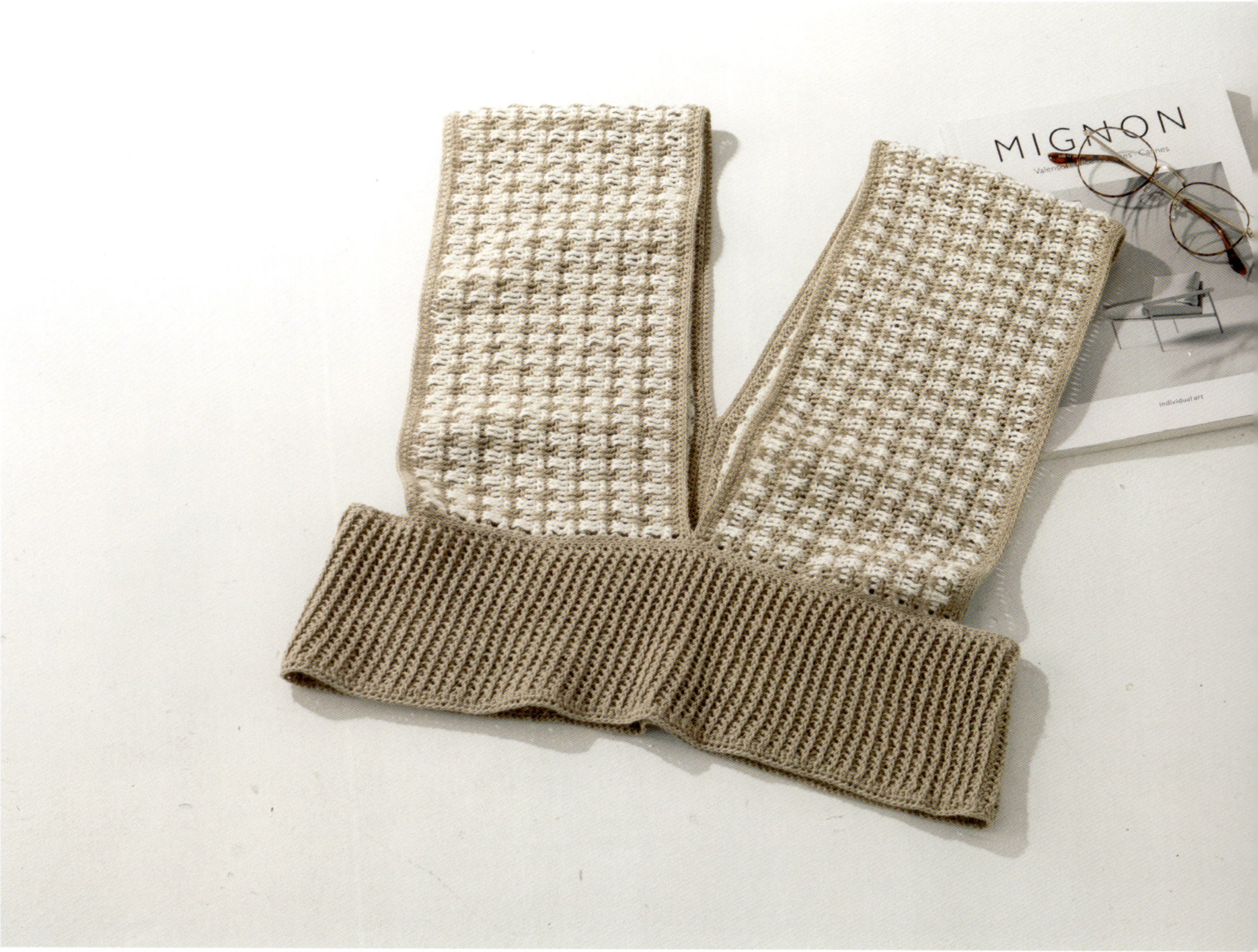

E

花片连接的开衫

在开衫的前襟、下摆和袖口钩织正方形的花片。
蕾丝的镂空质感，让这件衣服的品质高雅不俗。

钩织方法 p.47 设计 冈本启子 制作 笹岛美千代

F

立体花片套头衫

钩满立体花片的套头衫，具有相当复古的感觉。
领子、下摆和袖口都使用了正、反拉针，
钩织出叶片的效果。

 钩织方法 p.51 设计 河合真弓 制作 冲田喜美子

G

V 领套头衫

宽松款式的套头衫，既时尚又精致。
制作两片相同的织片，在中间用系绳连接在一起，
这是设计的一大亮点。

钩织方法 p.54 设计、制作 松本惠衣子

H

有领开衫

有领的开衫，是当今流行的款式。
使用链条线钩织，作品呈现出细腻的绒绒的立体质感，魅力十足。

 钩织方法 p.60 设计、制作 川路由美子

这款套头衫只需要钩织方格网眼花样就能完成，制作简单却效果惊艳。
选择轻柔且具有光泽的线材，作品极具奢华感。

I

八分袖套头衫

这款套头衫只需要钩织方格网眼花样就能完成，制作简单却效果惊艳。
选择轻柔且具有光泽的线材，作品极具奢华感。

 钩织方法 p.58 设计　冈真理子　制作　小泽智子

J

连帽套头衫

清爽干练的无袖款连帽套头衫，连帽的设计更增添了一份休闲感。
适合出门逛街时穿搭，作为海边度假的搭配也很迷人。

 钩织方法 p.66 设计、制作　镰田惠美子

K

方格网眼长上衣

使用纤细柔和的亚麻线钩织的长上衣，
有着蕾丝般的通透，侧身的开衩相当优雅。
搭配牛仔裤穿着，自然大方。

 钩织方法 p.63 设计、制作 水原多佳子

L

祖母方格抹胸

钩织祖母方格的花片，分别组合成肩部和身片，再连接完成一件特别的抹胸。
这是一件可以轻松完成的作品，也是可以引领潮流的设计。

 钩织方法 p.72 设计、制作　池上 舞

M

圆育克套头衫

从领窝开始钩织的圆育克，
不需要缝合，也不需要接合。
圆鼓鼓的立体枣形针和镂空图案的搭配，
明快可爱。

钩织方法 p.69 设计、制作　菅野直美

N

带口袋的长披肩

长披肩的两侧各缝上了一个正方形口袋，
穿着时就像是一件背心，时尚别致。
仅是随意地搭在肩上就很有风格。

钩织方法 p.74　设计、制作　ATELIER*mati*　

基础教程

缝合：是指行和行之间对齐连接　　接合：是指针目和针目之间对齐连接

锁针缝合

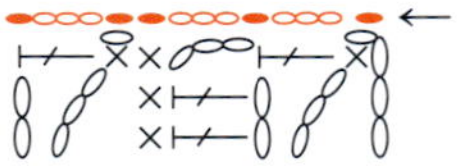

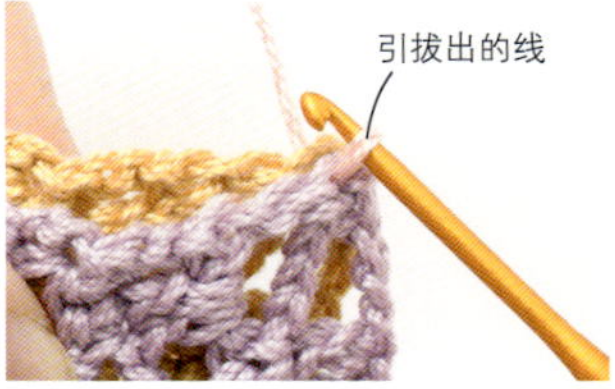

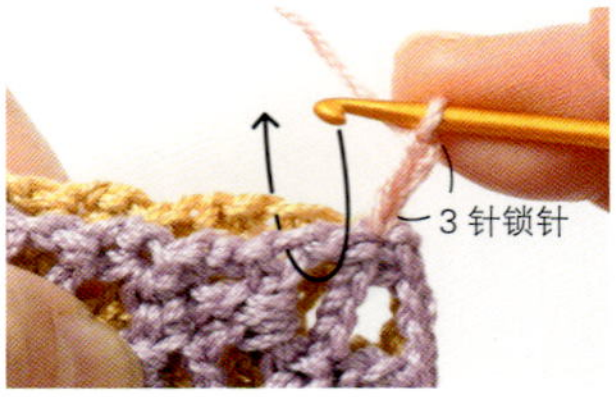

1 2片织物正面朝外对齐，钩针插入起针的锁针针目，挂线引拔。

2 钩针再次挂线，钩1针引拔针。

3 继续钩3针锁针，钩针沿箭头方向，插入边端对齐的针目，钩1针引拔针。

4 继续按照钩织图解对齐各行缝合。锁针和引拔针的针数根据花样的不同而变化。

锁针接合

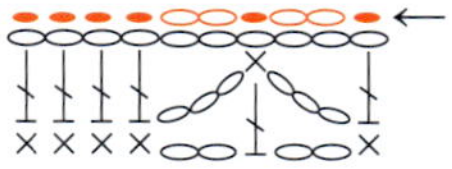

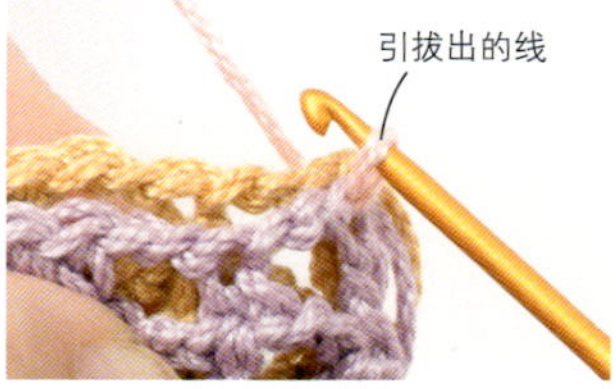

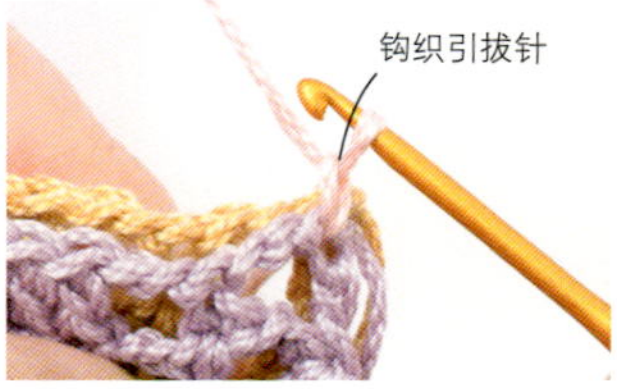

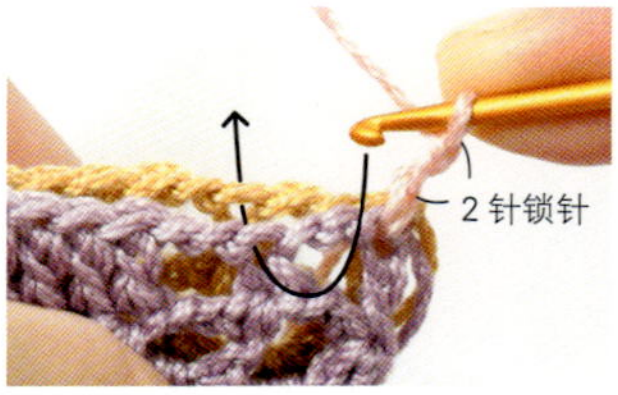

1 2片织物正面朝外对齐，钩针插入边端的针目，挂线引拔。

2 钩针再次挂线，钩1针引拔针。

3 继续钩2针锁针，钩针插入指定的针目，钩1针引拔针。

4 继续按照钩织图解对齐各针目接合。锁针和引拔针的针数根据花样的不同而变化。

卷针缝合

1 2片织物正面朝上对齐，从左侧织物边端针目的背面入针挑起针目。

2 参考图示再挑起2片织物开始的针目，拉紧固定。

3 每一行各挑1次或2次，继续对齐缝合。

4 完成卷针缝合数行。缝合完成后，在结束的针目挑2次，拉紧固定。

卷针接合

1 2片织物正面朝上对齐，挑边端针目的2根线。

2 参考图示再挑起2片织物开始的针目，拉紧固定。

3 每一针目各挑1次，继续对齐接合。

4 完成卷针接合数针。接合完成后，在结束的针目挑2次，拉紧固定。

挑针缝合

1 2片织物正面朝上对齐，分别挑左侧织物和右侧织物边端的针目，开始缝合。

2 参考图示再挑左侧的织物。

3 再交替挑左侧和右侧的织物，进行缝合。

4 完成挑针缝合。缝合时注意不能使织物起皱，尽量不露出缝合线。

挑针接合

1 2片织物正面朝上对齐，分别挑上侧织物和下侧织物针目的根部，开始接合。

2 参考图示再挑上侧织物针目的根部。

3 再交替挑上侧和下侧织物针目的根部，进行接合。

4 完成挑针接合。接合时注意不能使织物起皱，尽量不露出接合线。

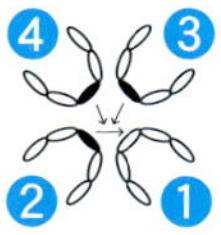

花片的连接方法（钩织引拔针连接的方法）

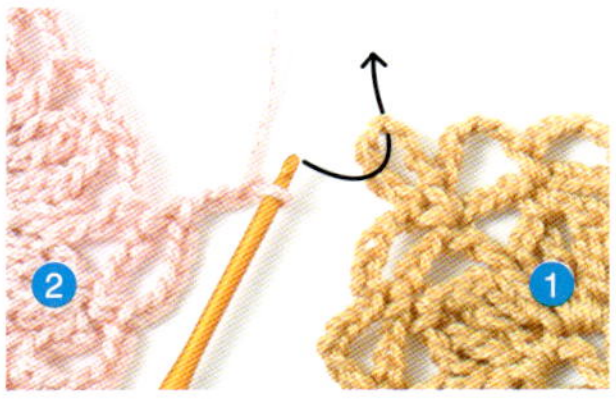

1 钩织第2片花片至要连接的位置，钩针沿箭头方向，插入第1片花片边角的锁针环。

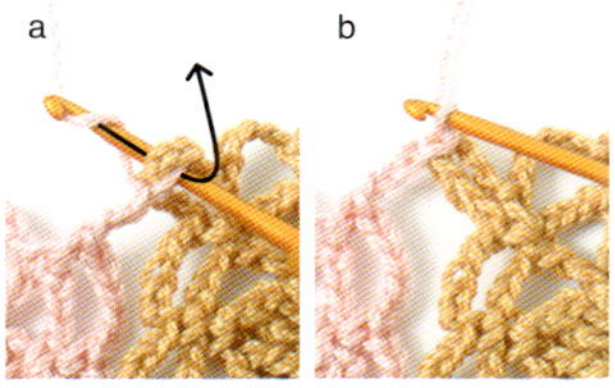

2 插入钩针后挂线，沿箭头方向引拔（图a）。再引拔，连接花片（图b）。

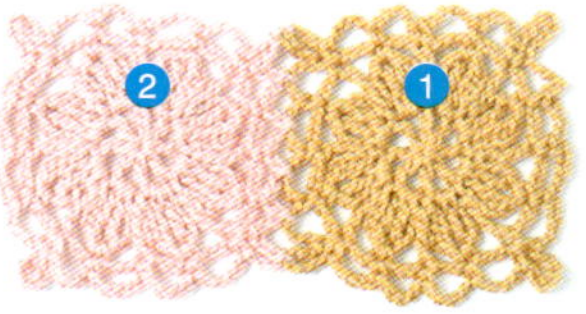

3 按照图解继续钩织，完成第2片花片。

4 第3片花片与第1、2片连接时，钩针沿箭头方向插入第2片（粉色）花片之前连接的引拔针目根部的2根线。

5 插入钩针，钩针挂线，沿箭头方向引拔。

6 再引拔，连接第3片花片与第1、2片花片。继续钩织完成第3片花片。

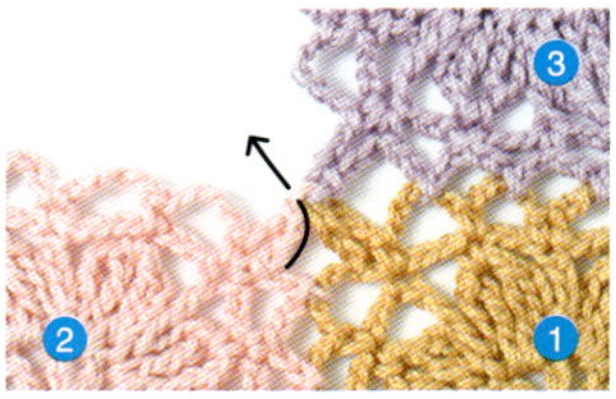

7 按照图解的顺序连接花片，第4片花片和第1、2、3片花片连接时，以步骤4同样的方法，钩针插入第2片花片之前连接的引拔针目根部的2根线。

8 第4片花片连接完成。

作品制作要点

D V领背心

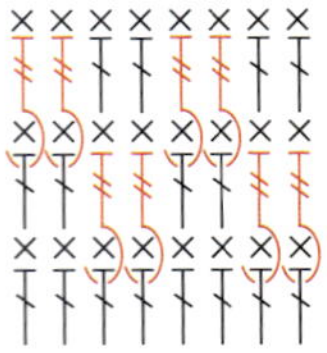

成品图 p.10、p.11 钩织方法 p.45

长长针的正拉针的钩织方法

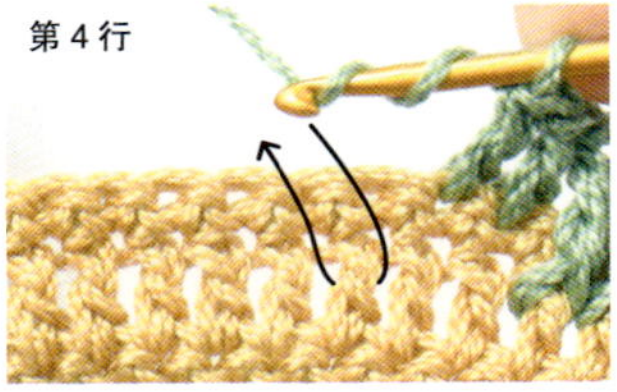

1 钩针挂2圈线，沿箭头方向，挑前面第2行长针的根部，钩织长长针的正拉针。

2 挑前面第2行长针的根部，钩针挂线，引拔。

3 钩针再次挂线，沿箭头方向，一次钩过针上2个线圈。

4 以步骤3同样的方法，重复2次“钩针挂线，一次钩过针上2个线圈”。

5 长长针的正拉针钩织完成。以同样的方法钩织下一针。继续前一行再钩2针长针。

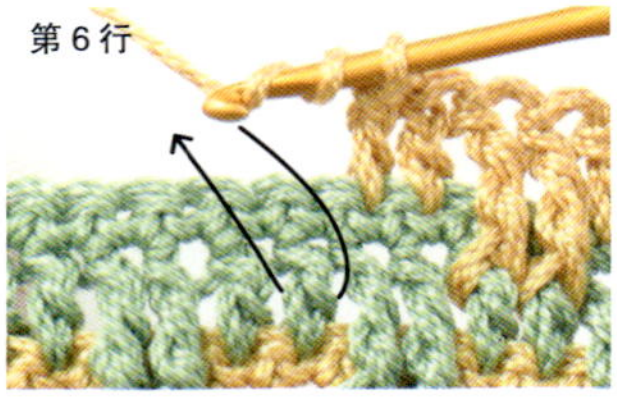

6 钩针挂2圈线，沿箭头方向，挑前面第2行长针的根部，钩织长长针的正拉针。

7 长长针的正拉针钩织完成。按照图解，以步骤1~5同样的方法继续钩织。

8 这一行钩织完成的样子。

E 花片连接的开衫

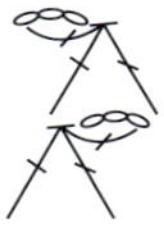

成品图 p.12、p.13 钩织方法 p.47

花样的钩织方法

1 钩3针锁针，钩针挂线，沿箭头方向插入第1针锁针的里山，钩织未完成的长针。

2 继续钩针挂线，沿箭头方向插入前一行的锁针针目，钩织未完成的长针。

3 钩针再次挂线，沿箭头方向插入前一行的锁针针目，钩织未完成的长针。

4 钩针挂线，沿箭头方向钩过针上的全部线圈。

5 钩织完成1个花样。

6 重复步骤1~5，继续钩织花样。

7 下一行翻到织物背面，以步骤1~5同样的方法，钩织花样。

8 按照图解，继续往返钩织花样。

F 立体花片套头衫

成品图 p.14、p.15 钩织方法 p.51

花片第 3、5 行的钩织方法

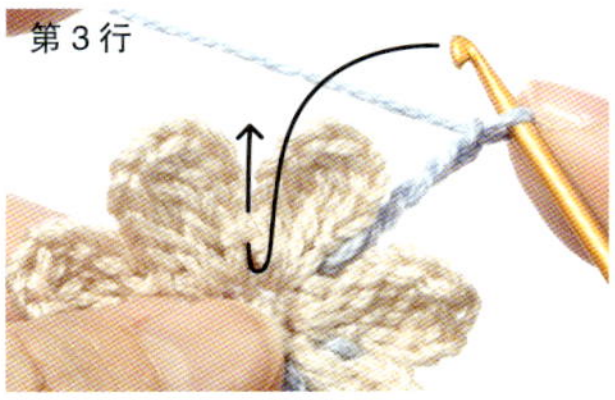

1 钩4针锁针，织物翻面，钩针沿箭头方向，插入前一行的锁针针目。

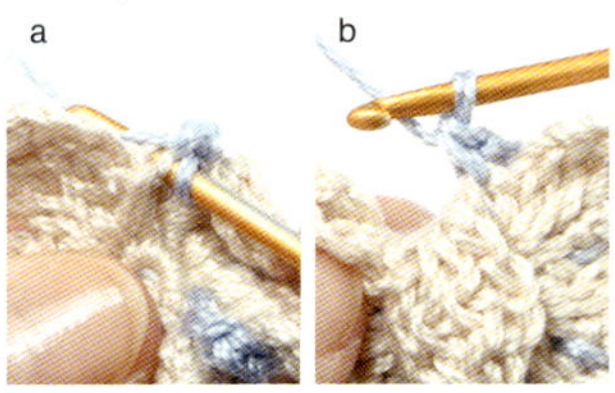

2 钩针挂线（图a），引拔。完成钩织短针（图b）。

3 重复步骤1、2，钩织一周。

4 钩3针锁针，钩针挂3圈线，沿箭头方向，从织物背面插入第4行短针和短针之间的位置。

5 插入钩针。钩针再沿箭头方向，插入第3行的短针针目，从织物后侧出针。

6 钩针挂线，引拔。

7 重复3次“钩针挂线（图a），一次钩过针上2个线圈”，完成3卷长针（图b）。

8 重复步骤4~7，钩织一周。

G V领套头衫

成品图 p.16、p.17 钩织方法 p.54

3针中长针的枣形针5针并1针的钩织方法

1 钩1针短针和4针锁针，钩针挂线，沿箭头方向插入前一行，钩3针未完成的中长针。

2 钩针挂线，沿箭头方向插入前一行，钩3针未完成的中长针。

3 钩针再次挂线，沿箭头方向插入前一行，钩3针未完成的中长针。以同样的方法，在●位置钩3针未完成的中长针。

4 钩织完成5组3针未完成的中长针。钩针挂线，沿箭头方向，一次钩过针上的全部线圈。

5 一起引拔完成。

6 钩针再次挂线，沿箭头方向，钩织锁针。

7 完成3针中长针的枣形针5针并1针。继续钩4针锁针。

8 重复步骤1~7，按照图解继续钩织。

K 方格网眼长上衣

成品图 p.24、p.25 钩织方法 p.63

长针十字针的钩织方法

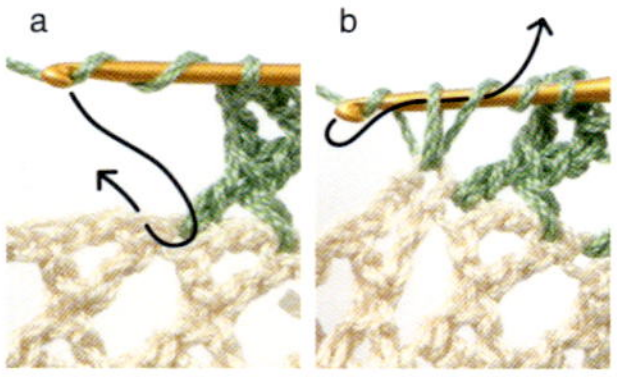

1 钩针挂2圈线，沿图a的箭头方向，插入前一行的针目，挂线引拔。钩针再挂线，沿箭头方向，一次钩过针上2个线圈（图b）。

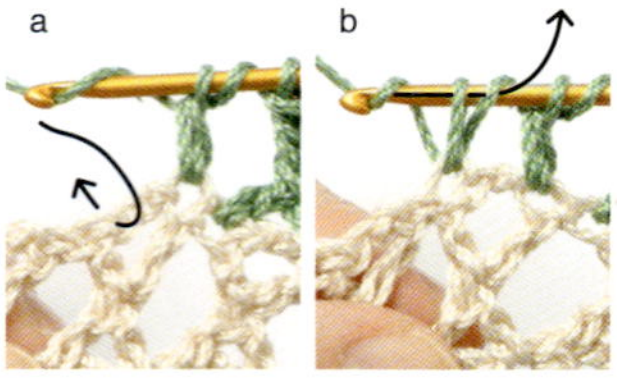

2 钩针挂线，沿图a的箭头方向，插入前一行的针目，挂线引拔。钩针再挂线，沿箭头方向，一次钩过针上2个线圈（图b）。

3 钩针挂线，沿箭头方向，一次钩过针上2个线圈。

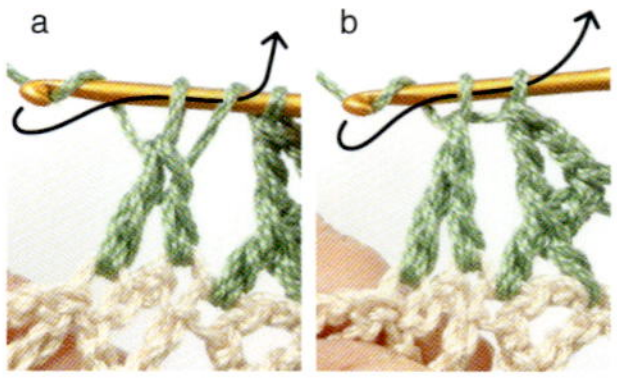

4 钩针挂线，沿箭头方向，一次钩过针上2个线圈（图a）。钩针再挂线，一次钩过针上2个线圈（图b）。

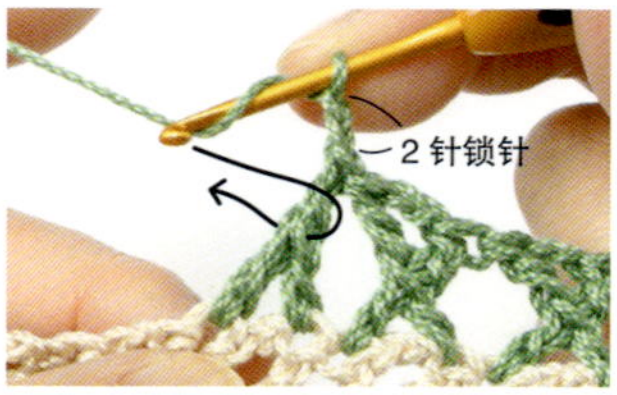

5 钩2针锁针，钩针挂线，沿箭头方向插入钩针。

6 钩针挂线，沿箭头方向引拔。

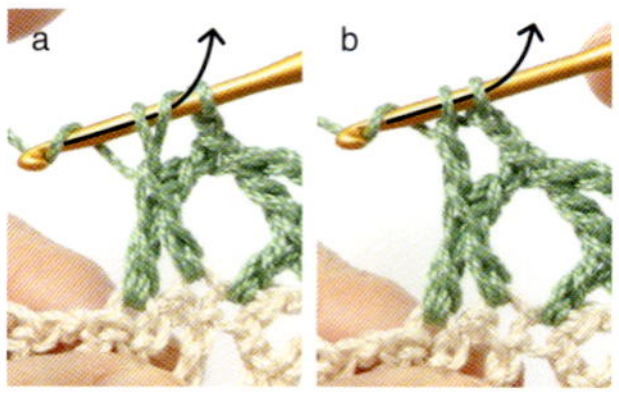

7 钩针挂线，沿箭头方向，一次钩过针上2个线圈（图a）。钩针再挂线，一次钩过针上2个线圈（图b）。

8 完成长针十字针。

M 圆育克套头衫

成品图 p.28、p.29 钩织方法 p.69

3 针长长针的枣形针和 2 针长长针左上交叉的钩织方法

1 钩针挂2圈线，沿箭头方向，插入前一行的针目，钩3针未完成的长长针。

2 钩针挂线，一次钩过针上的全部线圈，完成3针长长针的枣形针。

3 钩针挂2圈线，沿箭头方向，从背面错开枣形针，插入钩针，钩织长长针。

4 以步骤3同样的方法，沿箭头方向，钩针插入下一针目，钩织长长针。

5 完成3针长长针的枣形针和2针长长针左上交叉。重复步骤1~4，继续钩织。

2 针长长针和 3 针长长针的枣形针右上交叉的钩织方法

1 钩针挂2圈线，沿箭头方向，插入前一行的针目，钩2针长长针。

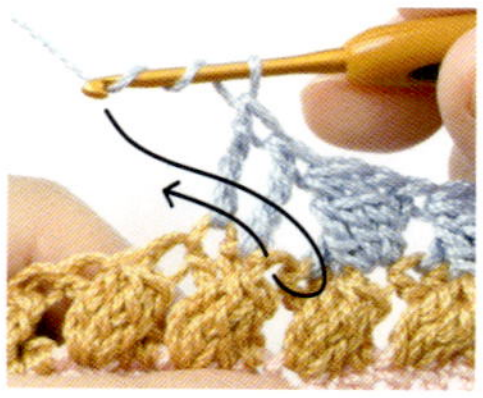

2 完成2针长长针。钩针挂2圈线，沿箭头方向，从正面错开2针长长针，插入前一行的针目，钩3针未完成的长长针。

3 钩针挂线，一次钩过针上的全部线圈。

4 完成2针长长针和3针长长针的枣形针右上交叉。

5 按照图解继续钩织。

Material guide

本书中所使用的线材

* 1~13 的线材介绍了名称、材料、重量、长度、颜色数量、适用钩针。
* 颜色数量为 2024 年 6 月的商品情况。
* 由于印刷的原因，可能存在颜色差异的情况。

※ 图片为实物粗细

和麻纳卡

1 Wash Cotton Crochet
64% 棉、36% 聚酯纤维。25g/ 团，约 104m，31 色，
适合 3/0 号钩针

2 Paume Crochet
100% 有机棉。100g/ 团，约 428m，1 色，适合 3/0 号钩针

3 世界棉 America Loop（链条线）
70% 棉（SUPIMA 棉）、30% 腈纶。25g/ 团，约 86m，
3 色，适合 5/0 号钩针

4 水洗亚麻线
100% 亚麻（抗菌、防臭）。25g/ 团，约 100m，
11 色，适合 3/0 号钩针

5 Flax c
82% 亚麻、18% 棉。25g/ 团，约 104m，13 色，适合 3/0 号钩针

6 Flax k
78% 亚麻、22% 棉。25g/ 团，约 62m，15 色，适合 5/0 号钩针

横田 DARUMA

7 Linen Ramie Cotton 中细
70% 棉、15% 亚麻、15% 苎麻。50g/ 团，约 201m，
11 色，适合 3/0 ~ 4/0 号钩针

8 Linen Ramie Cotton 粗
50% 棉、25% 亚麻、25% 苎麻。50g/ 团，约 102m，
12 色，适合 7/0 号钩针

9 Rambouillet Wool
100% 羊毛（兰布莱美利奴羊毛）。50g/ 团，约 145m，
12 色，适合 5/0 ~ 7/0 号钩针

10 Rambouillet Wool Cotton
60% 羊毛（兰布莱美利奴羊毛）、40% 棉（SUPIMA 棉）。
50g/ 团，约 166m，12 色，适合 4/0 ~ 5/0 号钩针

芭贝

11 Cotton KONA
100% 棉。40g/ 团，约 110m，25 色，适合 4/0 ~ 6/0 号钩针

12 Foch
40% 棉、40% 人造丝、20% 亚麻。40g/ 团，约 120m，
9 色，适合 4/0 ~ 5/0 号钩针

13 Princess Anny
100% 羊毛（经过了防缩加工）。40g/ 团，约 112m，35 色，
适合 5/0 ~ 7/0 号钩针

作品制作方法

A 网格钩织一字领套头衫 成品图 p.4、p.5

线材 芭贝 Cotton KONA 水蓝色（76）300g
钩针 5/0号钩针
钩织密度 10cm×10cm面积内：花样 21针10行
完成尺寸 胸围约114cm，衣长51cm，袖长45.5cm

钩织方法

1 钩织后身片 钩121针锁针起针，挑里山钩织50行花样，没有加减针。
2 钩织前身片 以钩织后身片同样的方法开始钩织，第2行和第4行中间的7个花样钩织中长针，钩织50行，没有加减针。
3 钩织袖子 钩73针锁针起针，挑里山钩织16行花样，没有加减针。
4 接合肩部 挑针接合肩部。
5 缝合胁边和袖下 胁边和袖下挑针缝合。
6 缝袖子 在身片上挑针缝袖子。
7 钩织边缘 分别在下摆和袖口钩织边缘A，在领窝钩织边缘B（从领窝的114针中挑112针钩织边缘）。

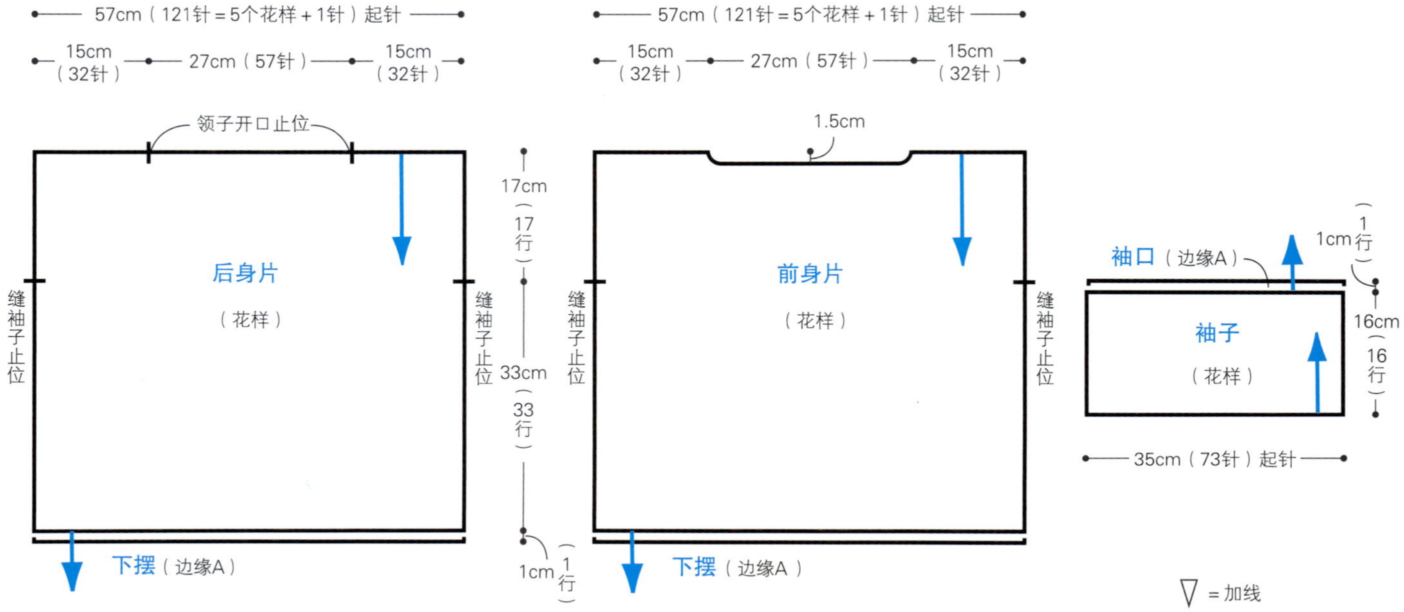

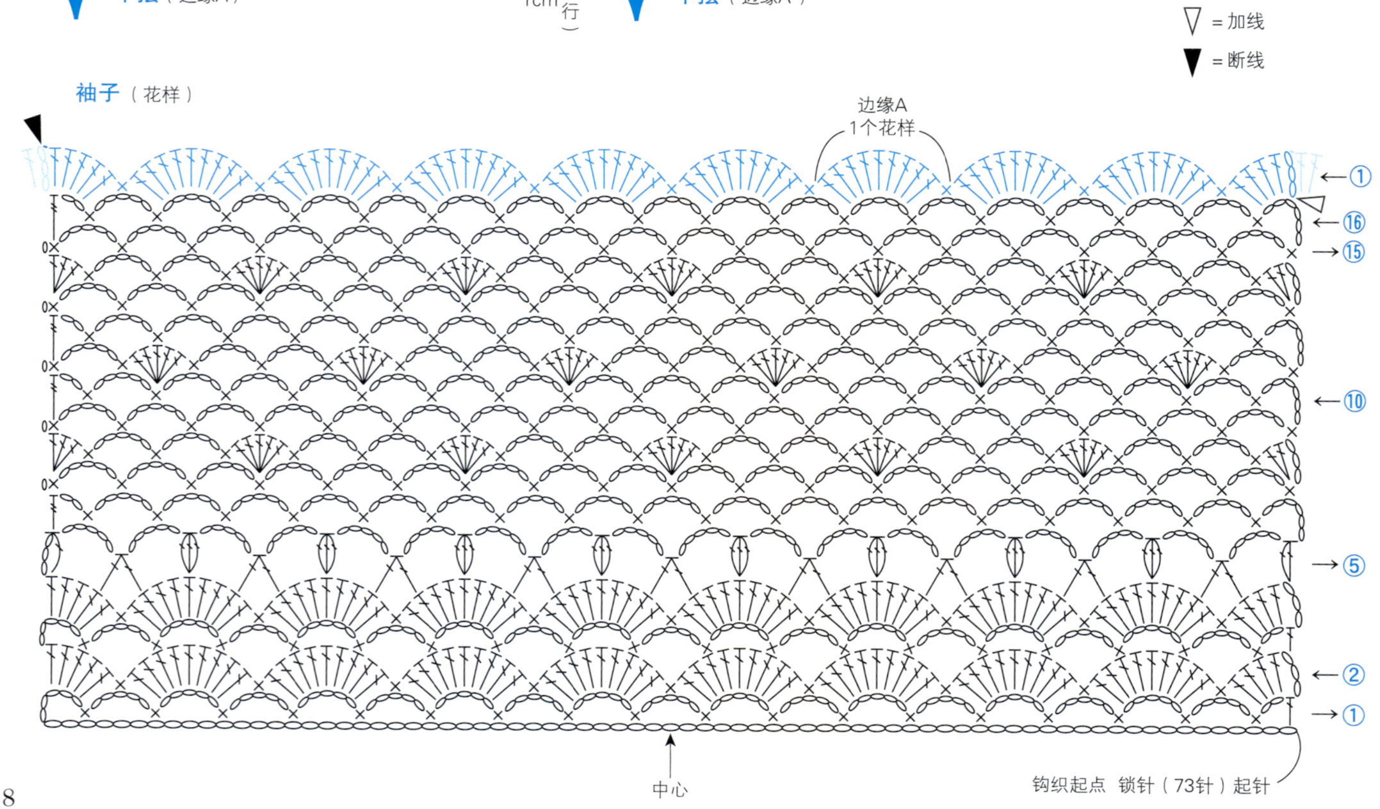

前、后身片（花样）

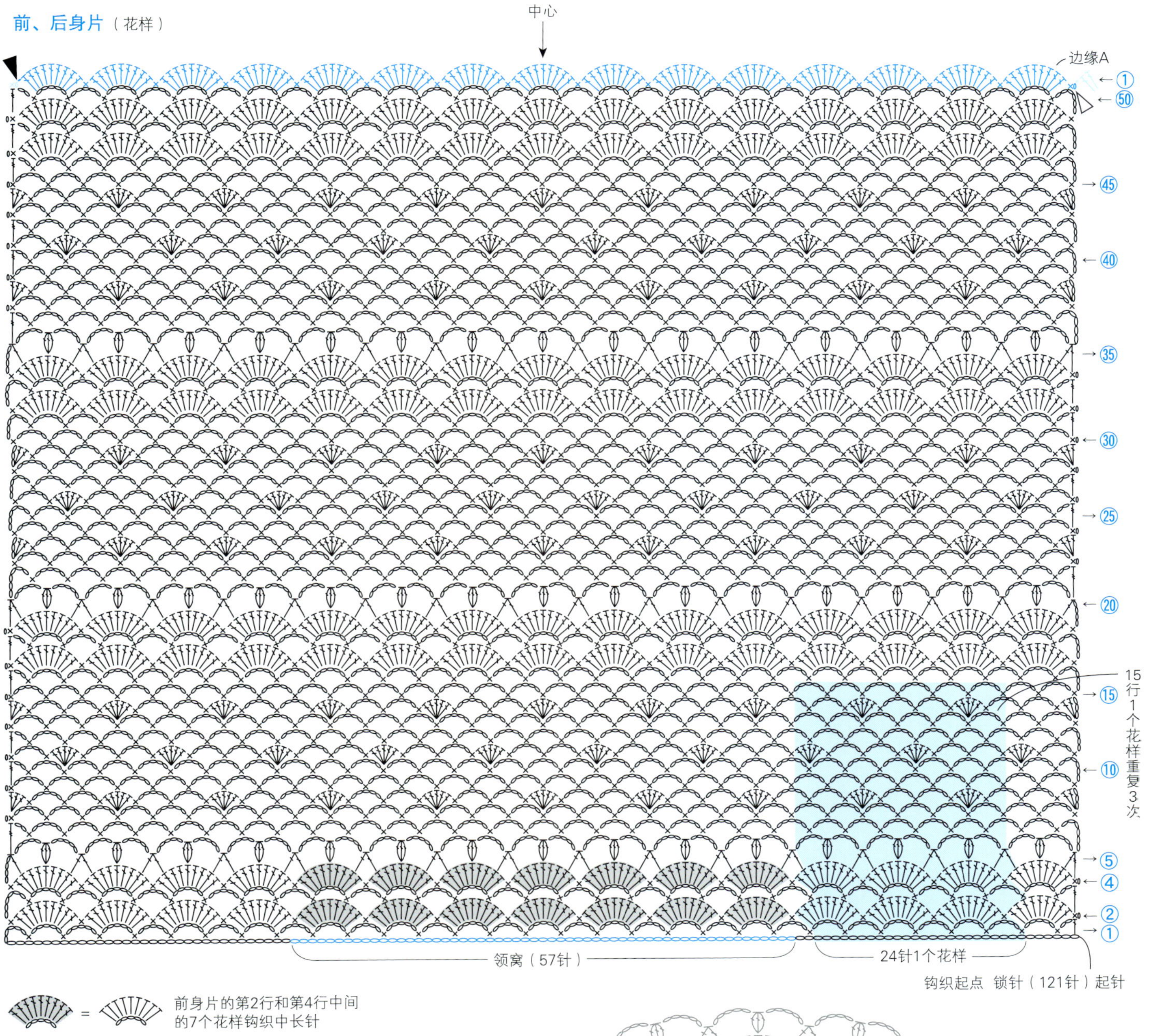

领窝

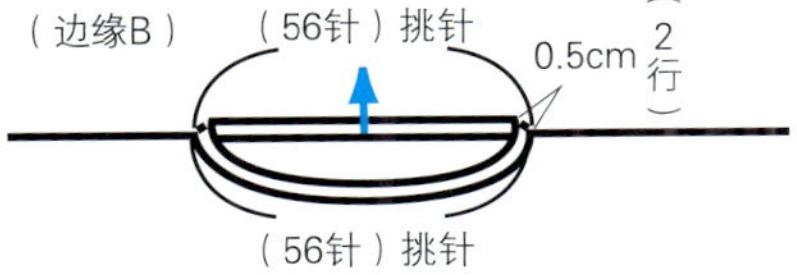

※从前、后身片（112针）挑针

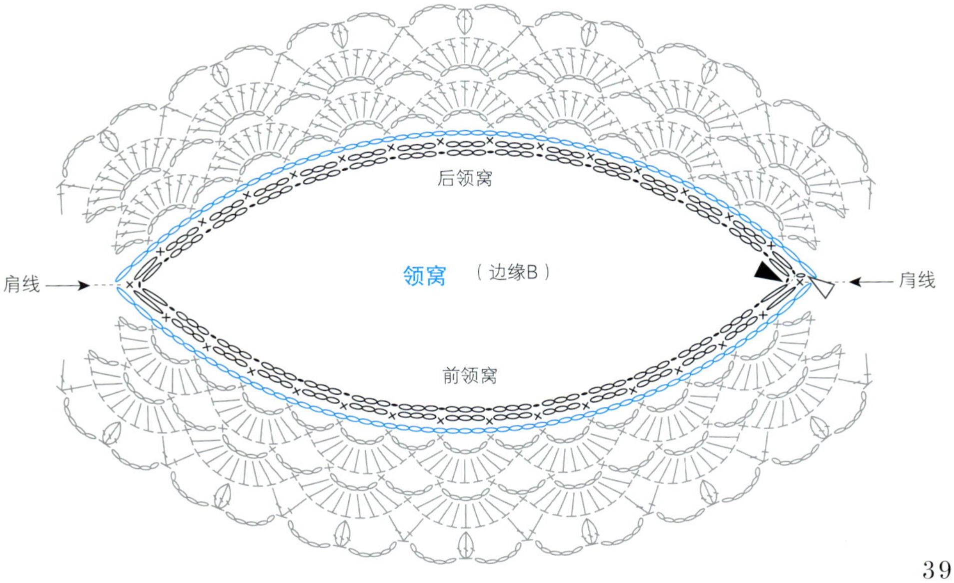

B 侧边系结背心 成品图 p.6、p.7

线材 横田DARUMA Linen Ramie Cotton 粗 自然色（10）320g

钩针 8/0号钩针

钩织密度 10cm×10cm面积内：花样A 21针10行，花样B 21针10.5行

完成尺寸 胸围约96cm，衣长54cm，袖长27cm

钩织方法

1 钩织后身片 钩97针锁针起针，钩织14行花样A、41行花样B，没有加减针。

2 钩织前身片 以钩织后身片同样的方法开始钩织，在花样B的第27行，左右两侧分开钩织。最后钩织领窝。

3 接合肩部、编织边缘 肩部钩织锁针和引拔针接合，前、后身片一周钩织边缘。

4 钩织领窝边缘 从领窝挑针，钩织边缘。

5 钩织并缝系绳 钩织4根系绳，缝在指定位置。

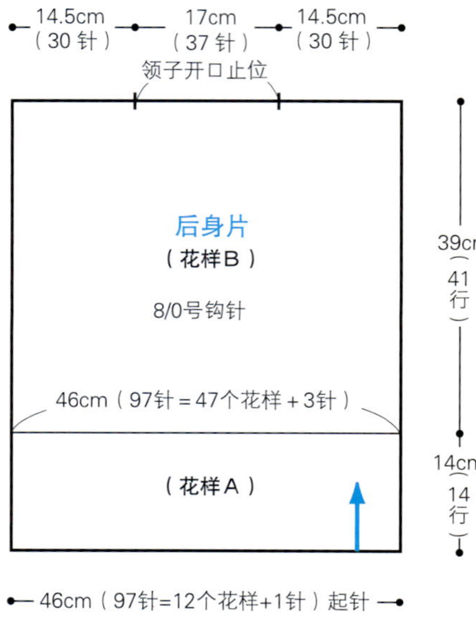

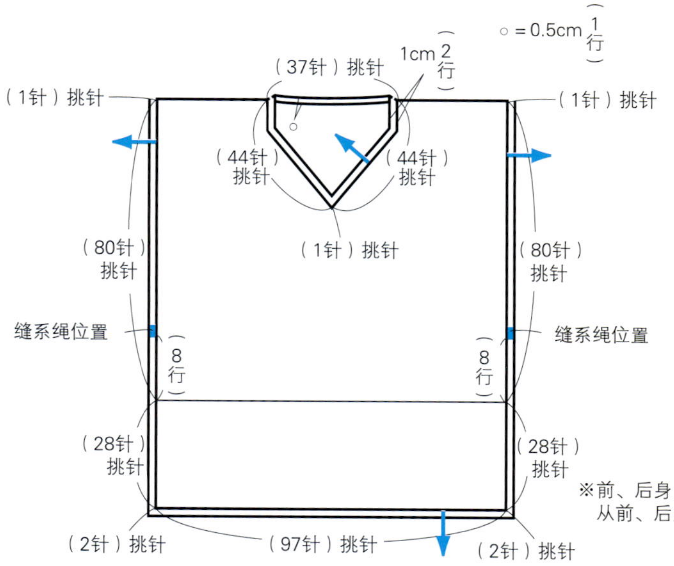

※前、后身片钩织完成后，继续沿身片一周钩织边缘
从前、后身片（630针）挑针

系绳 4根

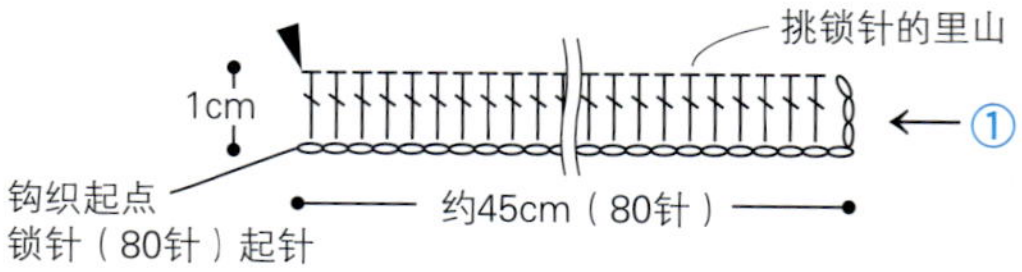

（边缘）

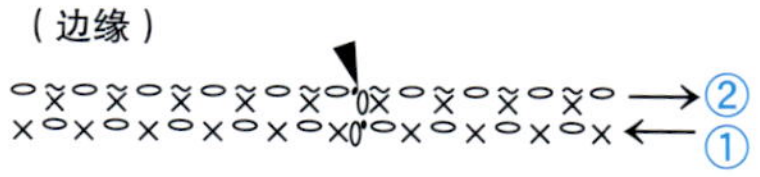

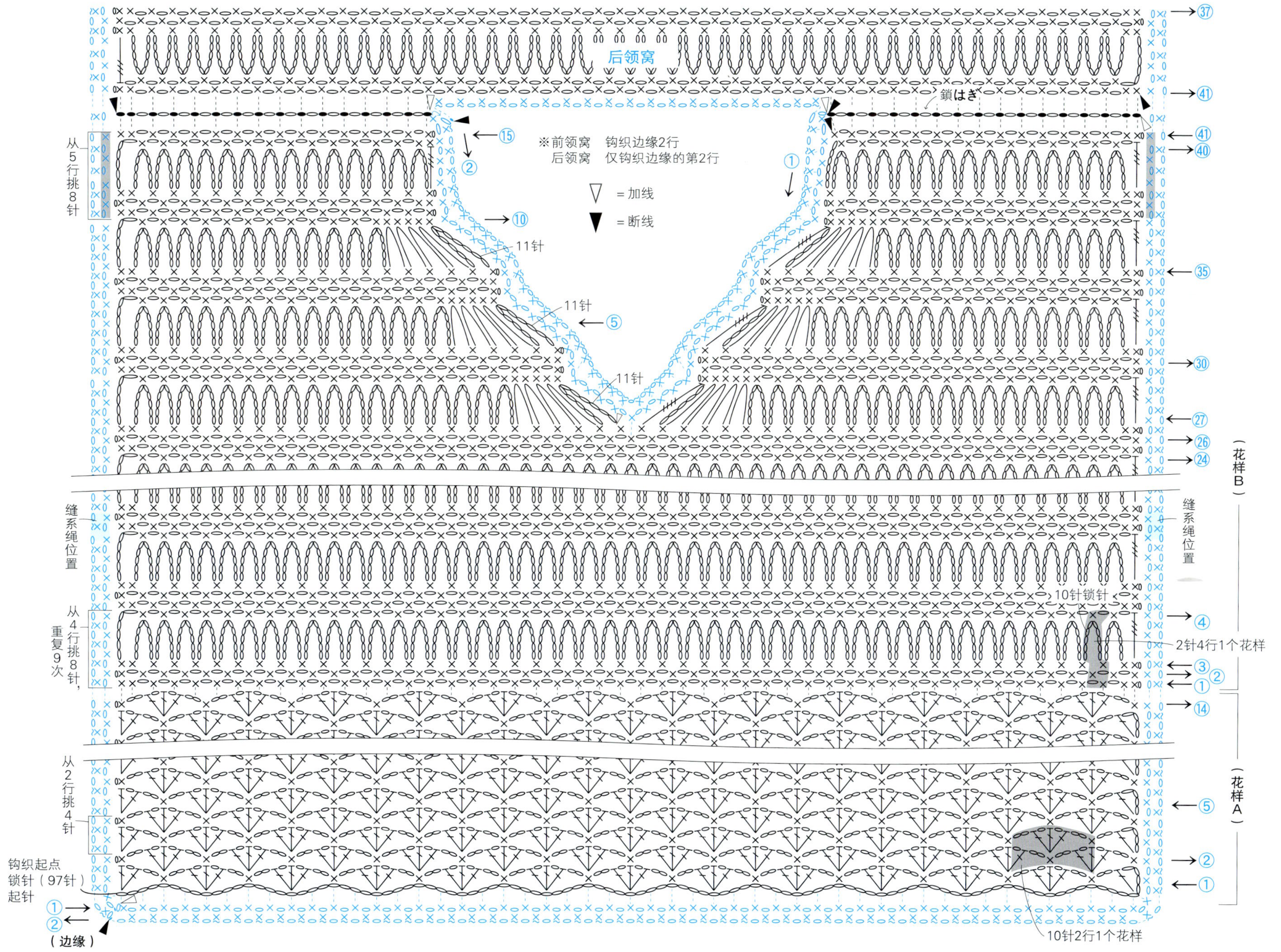

后领窝
锁はぎ
※前领窝　钩织边缘2行
后领窝　仅钩织边缘的第2行
= 加线
= 断线
11针
11针
11针
从5行挑8针
缝系绳位置
缝系绳位置
10针锁针
2针4行1个花样
从4行挑8针，重复9次
从2行挑4针
钩织起点
锁针（97针）起针
（边缘）
（花样B）
（花样A）
10针2行1个花样

C 荷叶边袖套头衫 成品图 p.8、p.9

线材 和麻纳卡 Wash Cotton Crochet 灰色（130）370g
钩针 3/0号钩针
钩织密度 10cm×10cm面积内：花样A 28.5针12.5行，花样B 1个花样（6针）= 2cm
完成尺寸 胸围约110cm，衣长50cm，袖长36.5cm

钩织方法

1 钩织后身片 钩157针锁针起针，钩织60行花样A，没有加减针，左、右继续钩织2行领窝。
2 钩织前身片 以钩织后身片同样的方法开始钩织，钩织50行花样A，没有加减针，左、右继续钩织12行领窝。
3 接合肩部和胁边 肩部引拔接合，胁边锁针缝合。
4 领窝和下摆钩织边缘。
5 钩织袖子 从身片挑针，前、后身片环形钩织5行花样B，断线。从第2行加线，钩织至第11行，断线。从第8行加线，钩织至第17行。

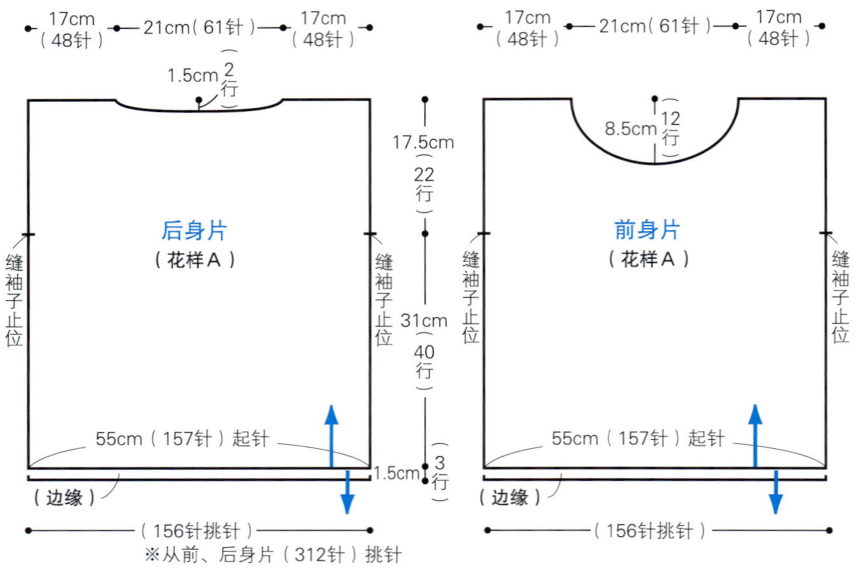

领子、袖子

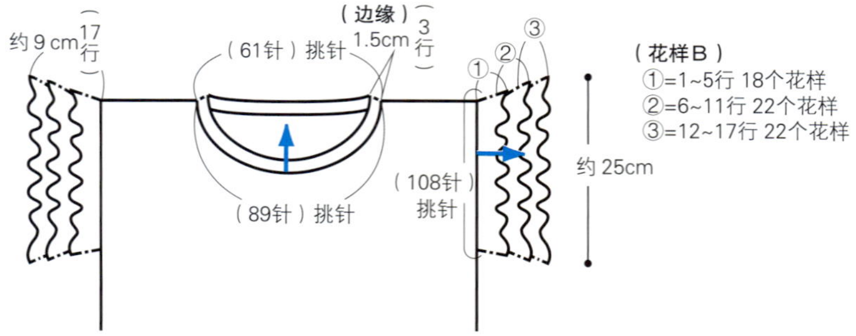

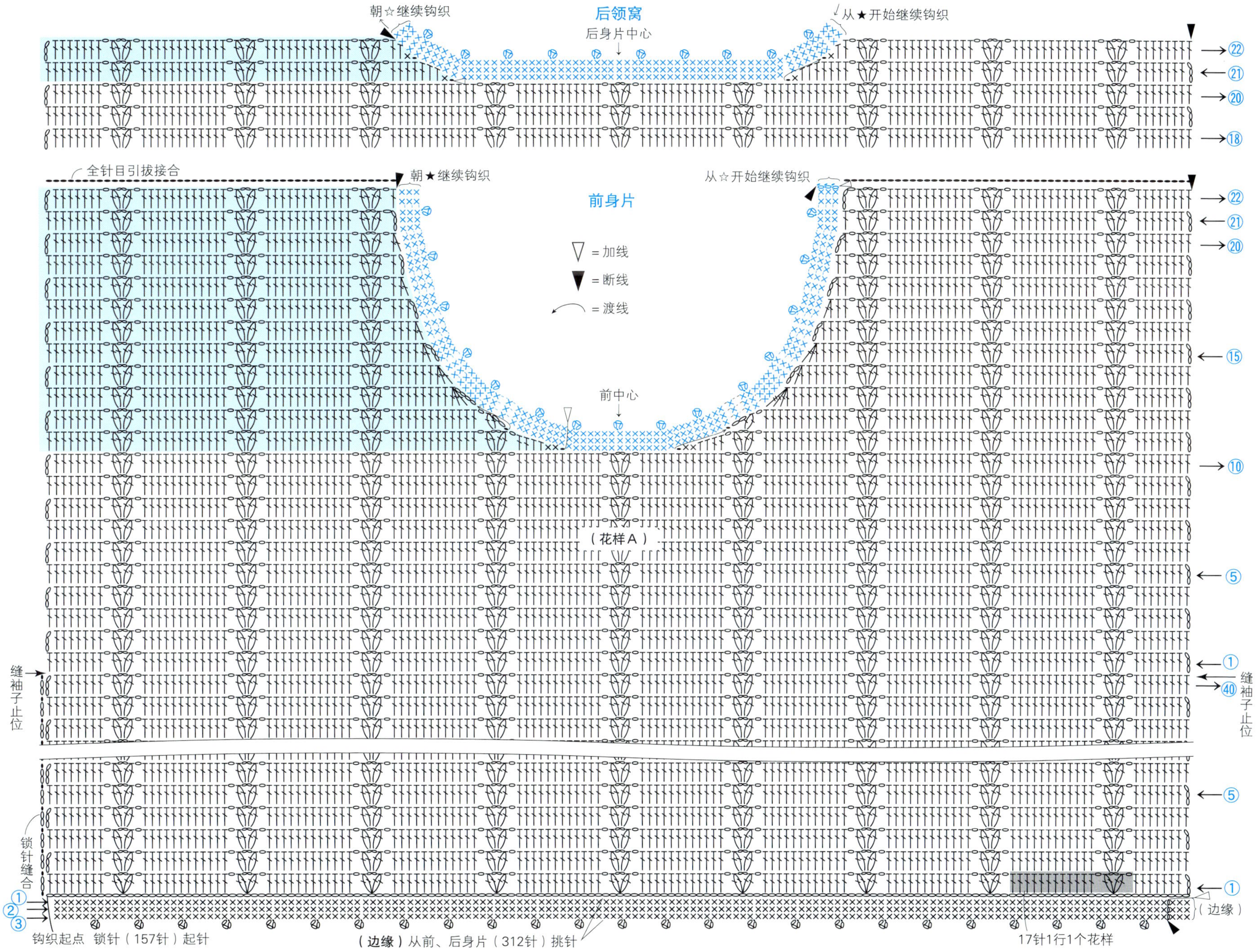
后领窝
后身片中心
朝☆继续钩织
从★开始继续钩织
全针目引拔接合
朝★继续钩织
从☆开始继续钩织
前身片
▽ = 加线
▼ = 断线
= 渡线
前中心
（花样A）
缝袖子止位
缝袖子止位
锁针缝合
钩织起点 锁针（157针）起针
（边缘）从前、后身片（312针）挑针
17针1行1个花样
（边缘）
22
21
20
18
15
10
5
1
40
2
3

袖子（花样B）

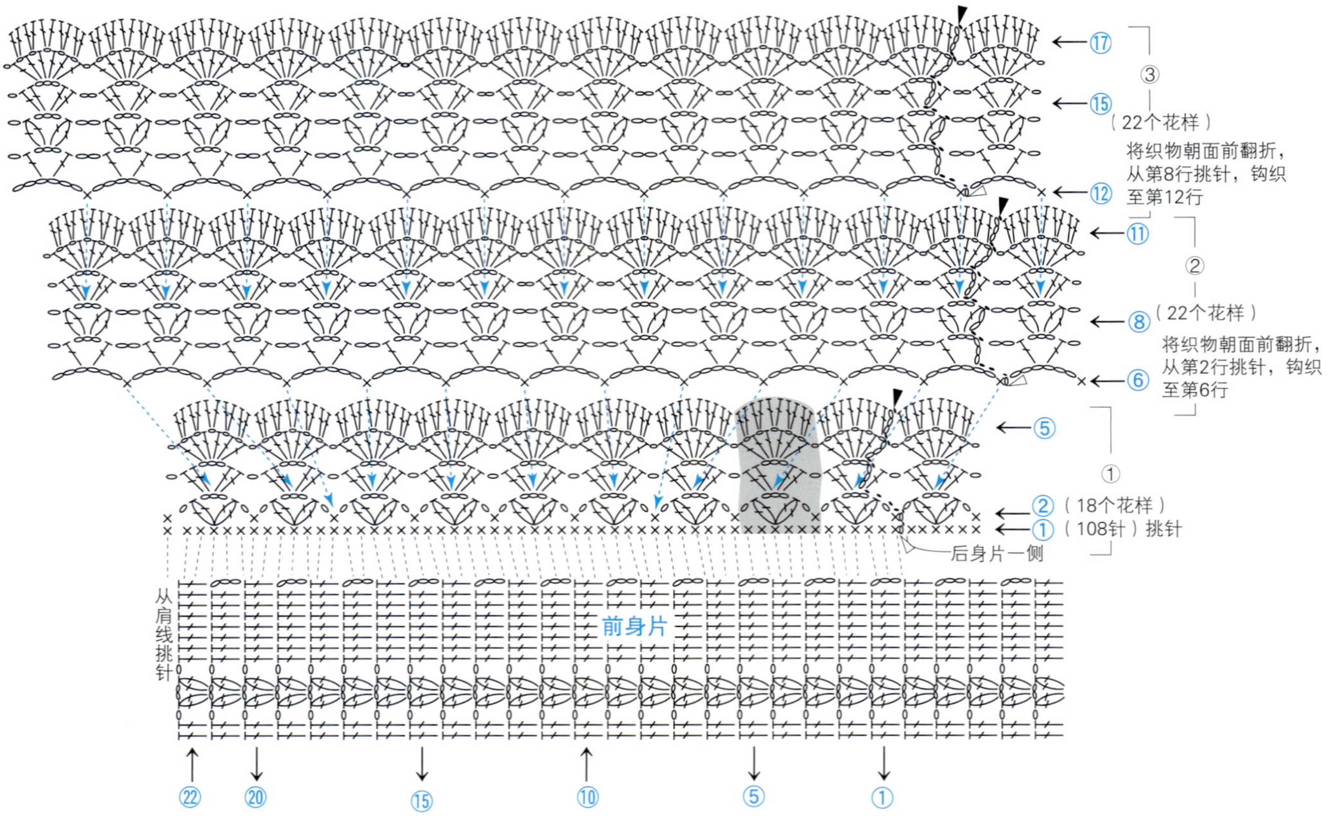

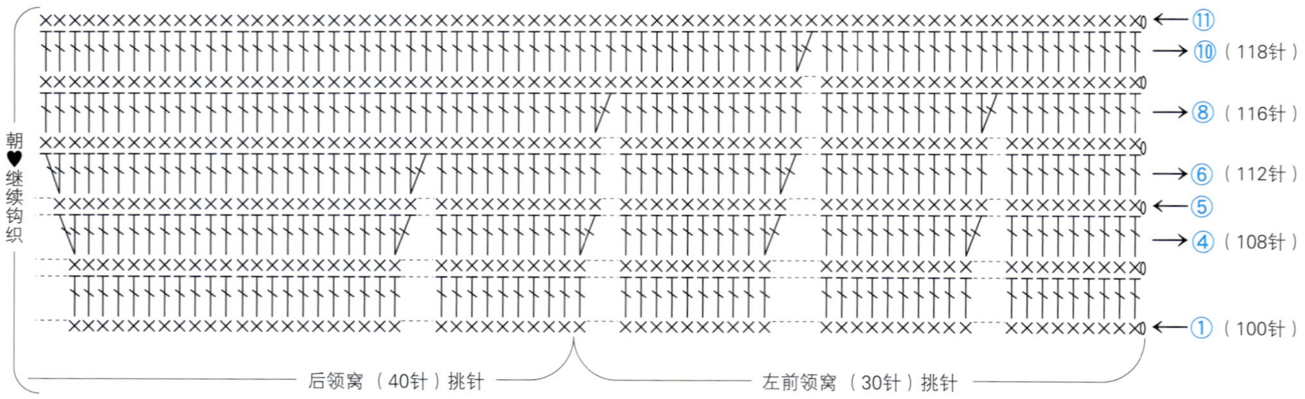

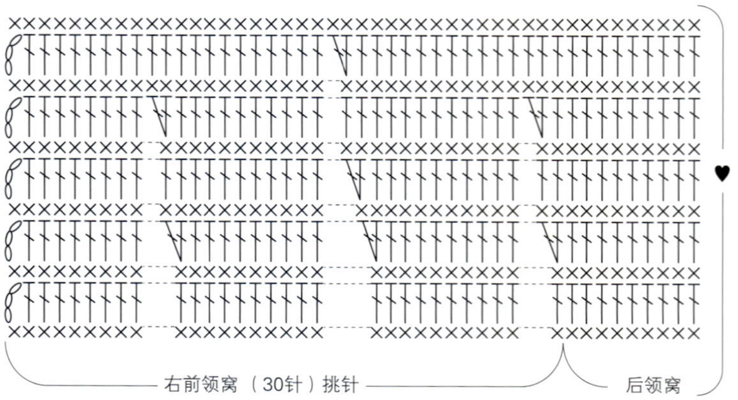

领子（花样B）

5/0号钩针

上接p.62

D V领背心 成品图 p.10、p.11 制作要点 p.34

线材 和麻纳卡Flax c 浅茶色（3）175g、原白色（1）70g
钩针 3/0号钩针、5/0号钩针
钩织密度 10cm×10cm面积内：花样A 25针20行，花样B 24针19.5行
完成尺寸 胸围约92.5cm，衣长46.5cm，袖长18cm

钩织方法

1 钩织前、后身片　钩170针锁针起针，钩织35行花样A，没有加减针，继续钩织一周短针。以同样的方法再钩织1片。
2 钩织下摆　钩222针锁针起针，环形钩织24行花样B，没有加减针，钩织1行短针。从起针针目挑针，钩织1行短针。
3 接合身片和下摆　按照图解，在下摆的指定位置，身片和下摆挑半针做卷针锁缝接合。
4 调整身片　按照图解，身片前侧卷2针接合，后侧卷25针接合。

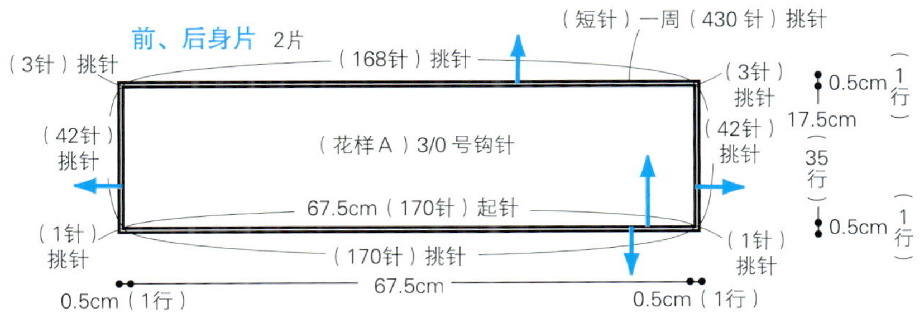

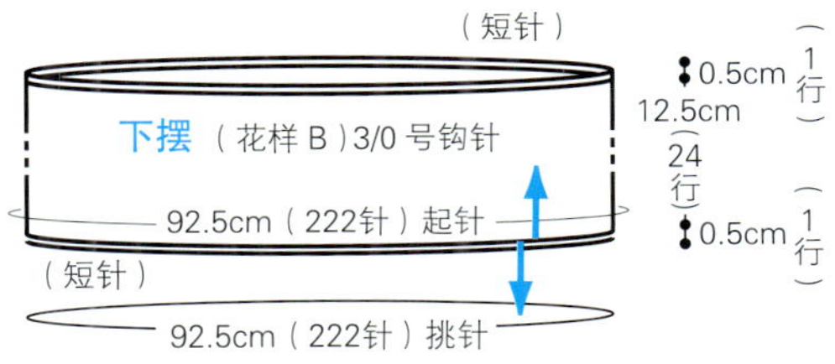

组合方法

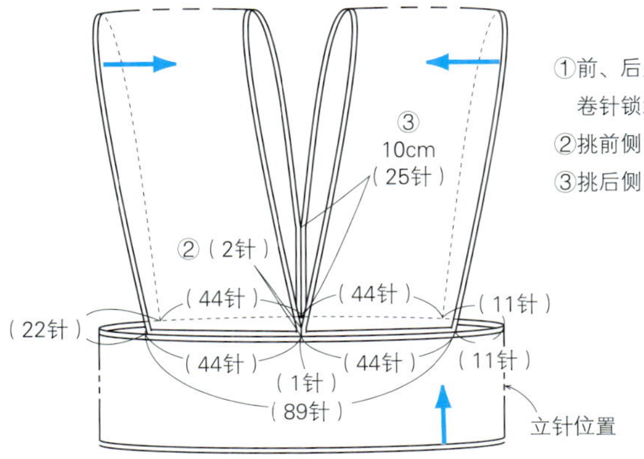

①前、后身片和下摆挑外侧半针做卷针锁缝（参照图解，卷针锁缝接合下摆的45针和身片的47针）
②挑前侧中心2针的外侧做半针卷针接合
③挑后侧中心25针的外侧做半针卷针接合

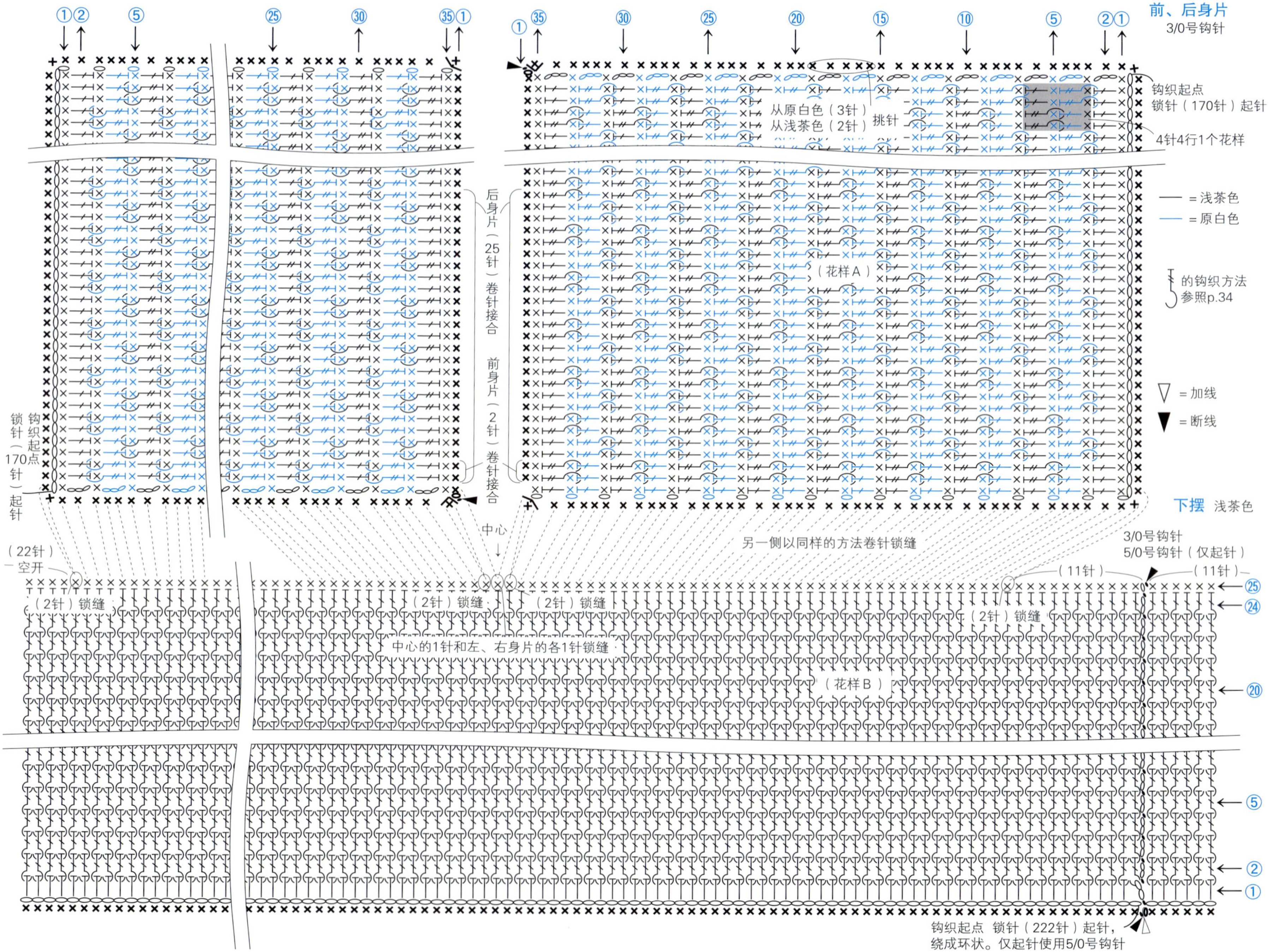

前、后身片
3/0号钩针
钩织起点
锁针（170针）起针
4针4行1个花样
从原白色（3针）
从浅茶色（2针）
挑针
（花样A）
— = 浅茶色
— = 原白色
的钩织方法参照p.34
▽ = 加线
▼ = 断线
后身片（25针）卷针接合
前身片（2针）卷针接合
钩织起点
锁针（170针）起针
下摆 浅茶色
中心
另一侧以同样的方法卷针锁缝
3/0号钩针
5/0号钩针（仅起针）
（22针）
空开
（11针）
（11针）
（2针）锁缝
（2针）锁缝
（2针）锁缝
（2针）锁缝
中心的1针和左、右身片的各1针锁缝
（花样B）
钩织起点 锁针（222针）起针，
绕成环状。仅起针使用5/0号钩针

E 花片连接的开衫 成品图 p.12、p.13 制作要点 p.34

线材 和麻纳卡 水洗亚麻线 原白色（1）270g
其他材料 直径10mm的纽扣 5颗
钩针 3/0号钩针
钩织密度 10cm×10cm面积内：花样 23针7.5行，花片7.5cm×7.5cm
完成尺寸 胸围约105cm，衣长52.5cm，袖长约43cm

钩织方法

1 钩织后身片　钩121针锁针起针，钩织34行花样，没有加减针。
2 钩织左、右前身片　钩43针锁针起针，钩织28行花样，没有加减针，继续钩织6行领子，按照图解减针。
3 接合肩部　肩部钩织锁针和短针接合。
4 钩织袖子　从前、后身片挑针，钩织7行花样，没有加减针。
5 钩织连接花片　前、后身片各钩织1行短针，胁边挑针缝合，袖下挑针缝合。
6 钩织身片的花片　从右前身片开始，按照编号顺序钩织花片和身片连接，钩织至左前身片的领窝，共钩织连接24片。
7 钩织身片边缘　前襟左、右各6片花片钩织边缘a，外侧和领窝钩织边缘b。
8 钩织袖子的花片　在袖子上钩织5片花片连接成环形。
9 钩织纽扣　钩织5片织物包住纽扣，缝在指定位置。

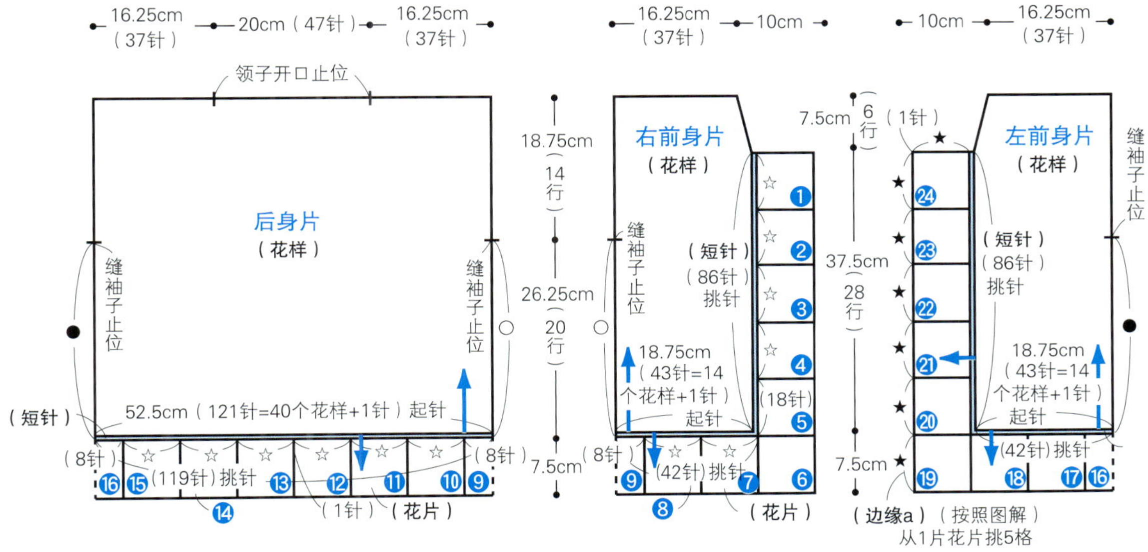

☆ =（17针）
★ = 从1片花片挑5格
※挑针缝合○和○、●和●

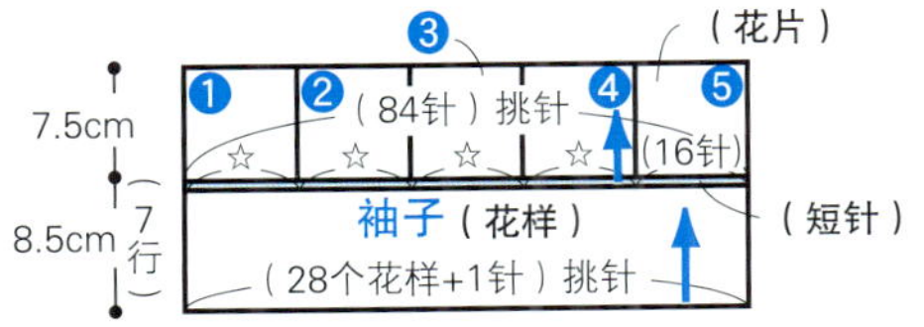

花片

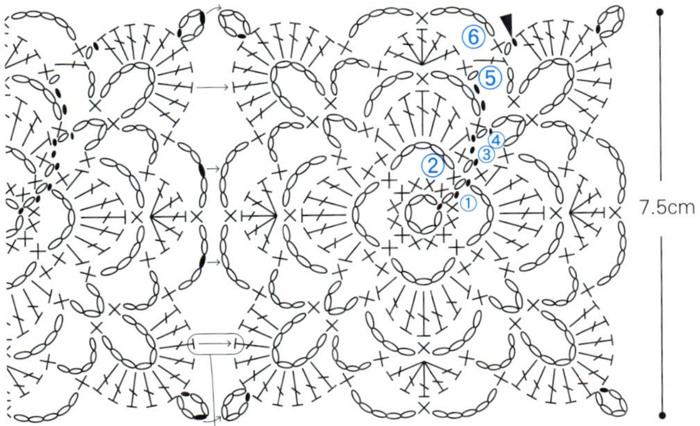

※钩织长针连接时，先退出钩针，插入需要连接的针目，引拔之前退出的针目，钩织长针

花样

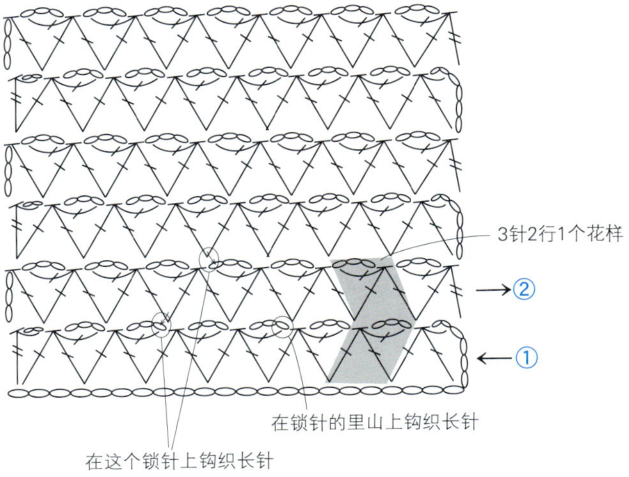

※按照❶～㉔的顺序钩织连接花片（参照p.33）
※花片最后一行钩织长针连接时，先退出钩针，插入连接的针目，引拔之前退出的针目，钩织长针

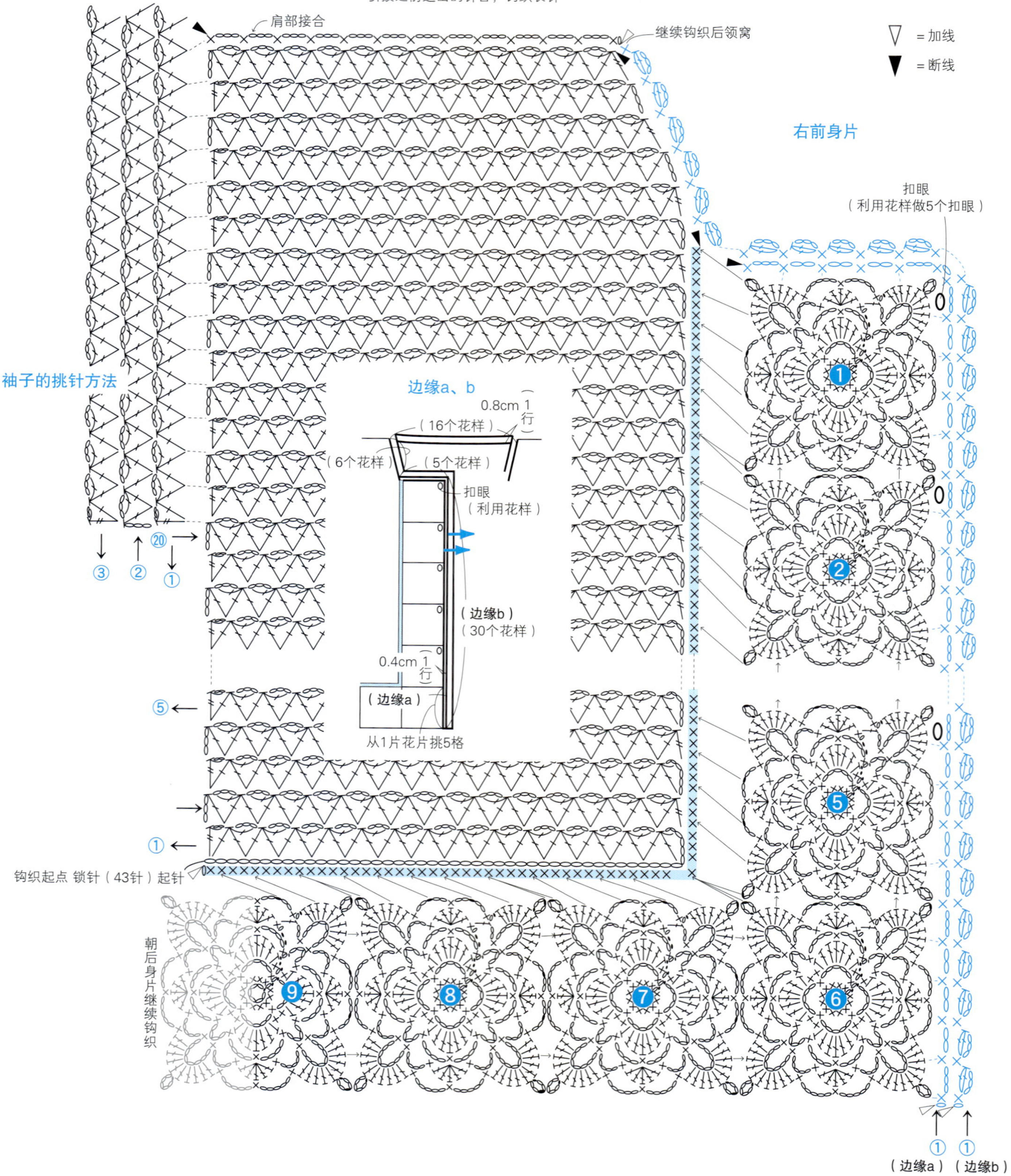

▽ = 加线

▼ = 断线

左前身片

在短针针目上钩织

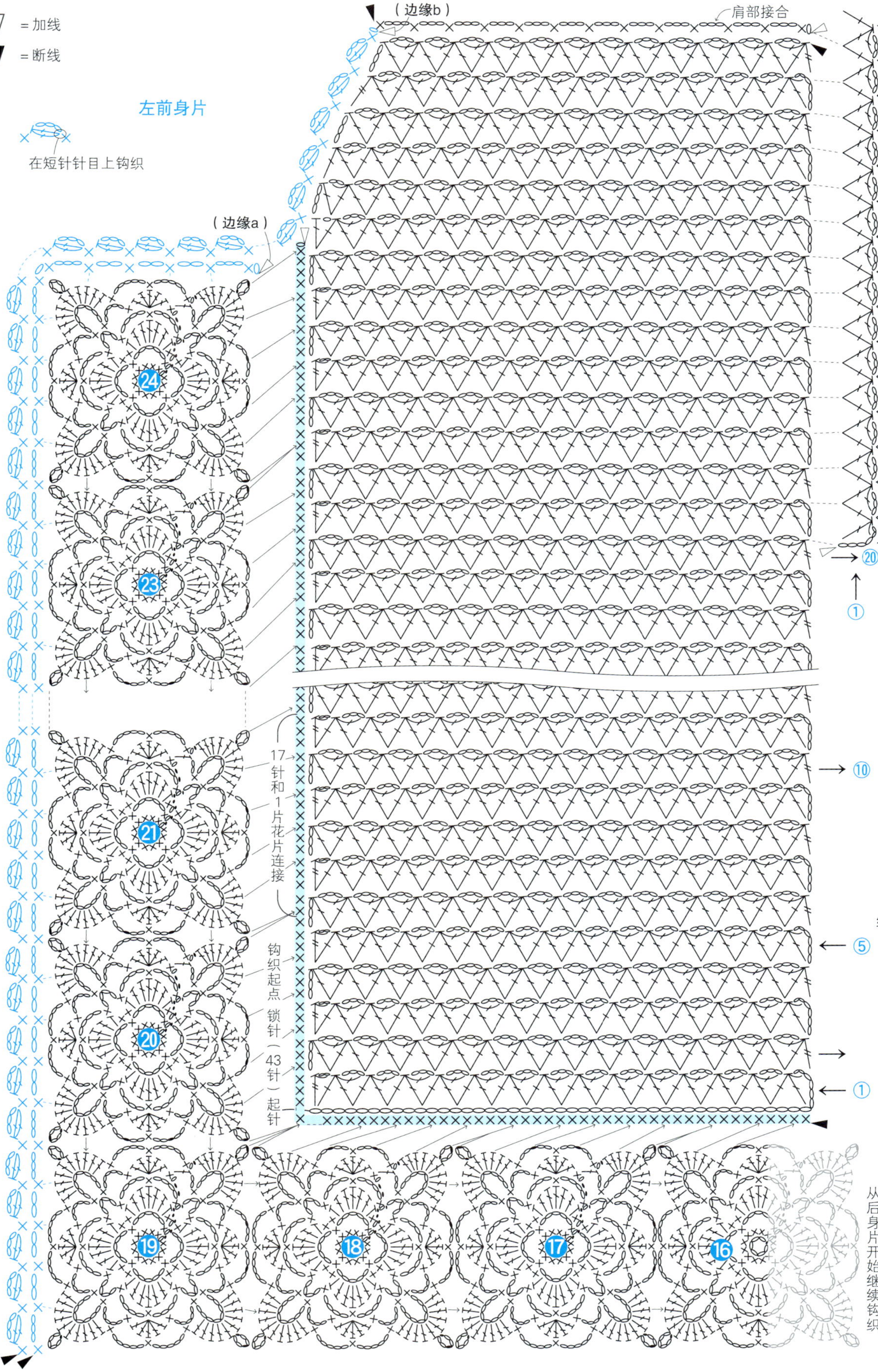

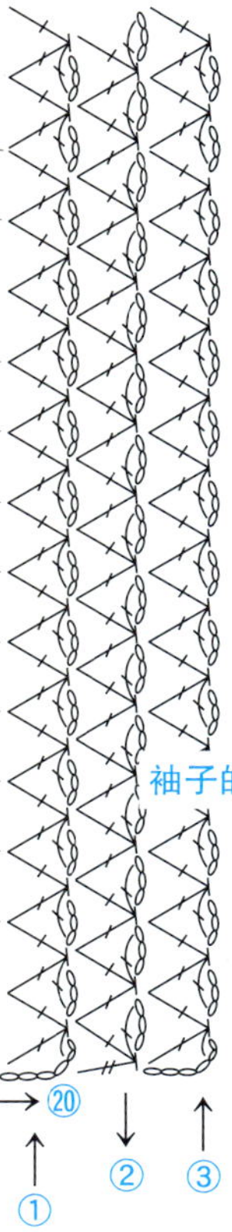

纽扣 5颗

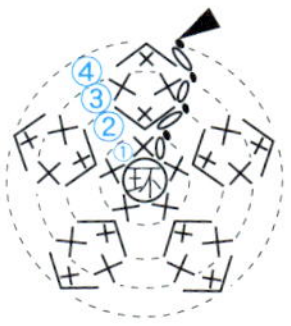

放入直径10mm的纽扣，把线穿过最后一行的针目，抽紧。留出20cm长的线，用于缝纽扣

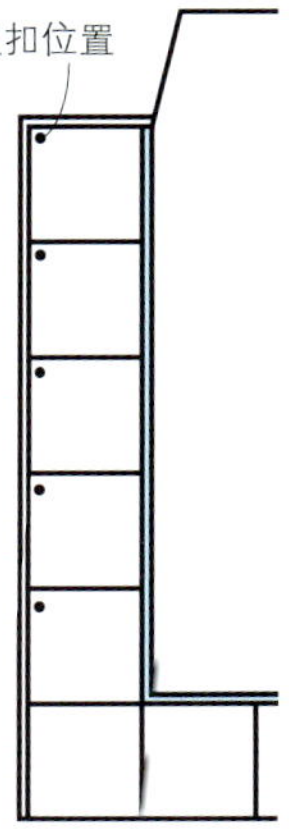

左前身片
后领窝
中心
右前身片
34
34
钩织起点（121针）起针
后身片
2
1
朝左前身片继续钩织
16
15
14
13
12
11
从右前身片开始继续钩织
9

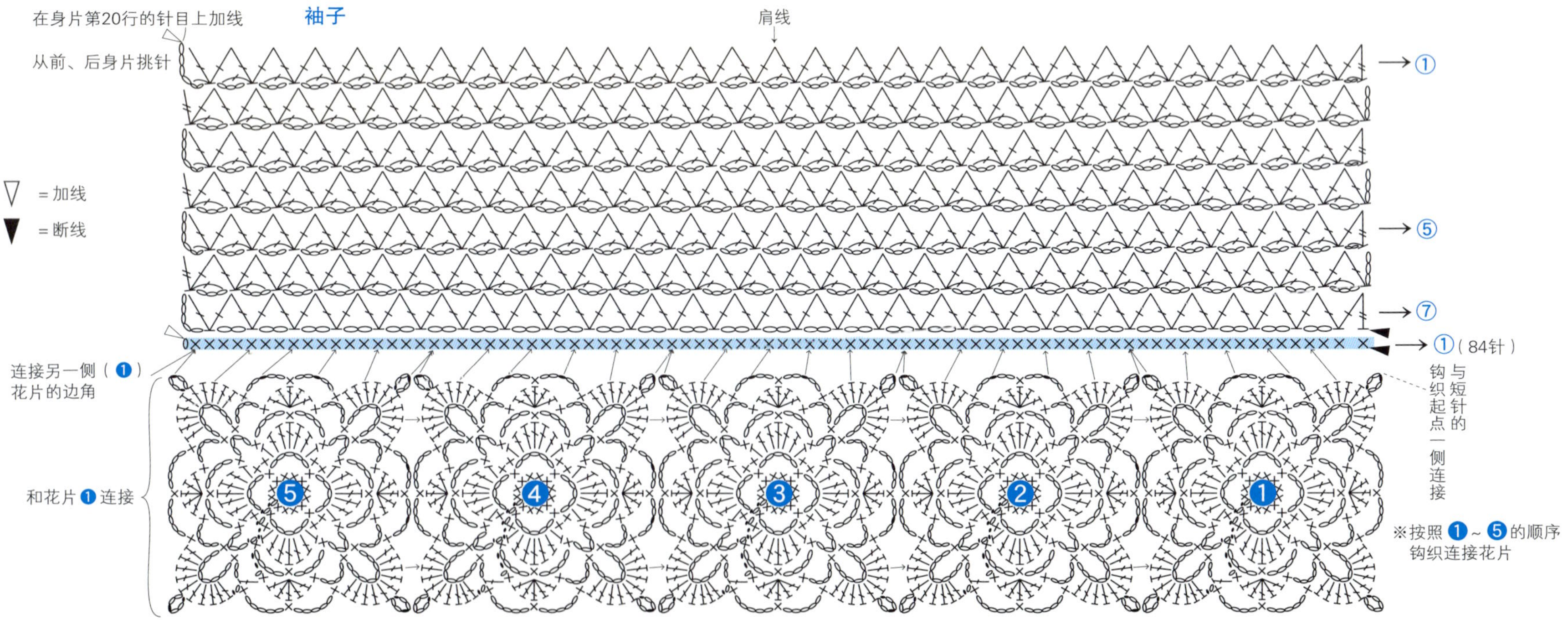

在身片第20行的针目上加线
袖子
肩线
从前、后身片挑针
1
5
7
1（84针）
连接另一侧（1）花片的边角
与短针的钩织起点一侧连接
和花片1连接
5
4
3
2
1
※按照1～5的顺序钩织连接花片

▽ = 加线

▼ = 断线

F 立体花片套头衫

成品图 p.14、p.15　制作要点 p.35

线材　和麻纳卡 Paume Crochet 原白色（401）290g

钩针　3/0号钩针

钩织密度　花片9cm×9cm

完成尺寸　胸围约108cm，衣长45.5cm，袖长38.5cm

钩织方法

1　钩织前、后身片　手指绕线环起针，按照图示的编号顺序钩织花片，第7行钩织引拔针连接，共钩织60片。第25片和第32片花片在前、后身片各钩织一半，再连接。

2　钩织边缘　从花片一边挑16针，钩织长针，环形钩织边缘，下摆钩织8行，袖子钩织4行。

3　钩织领子　从领窝挑100针，钩织3行，边角按照图解减针。

4　领窝和下摆钩织边缘。

5　钩织袖子　从身片挑针，前、后身片环形钩织5行花样B，断线。从第2行加线，钩织至第11行，断线。从第8行加线，钩织至第17行。

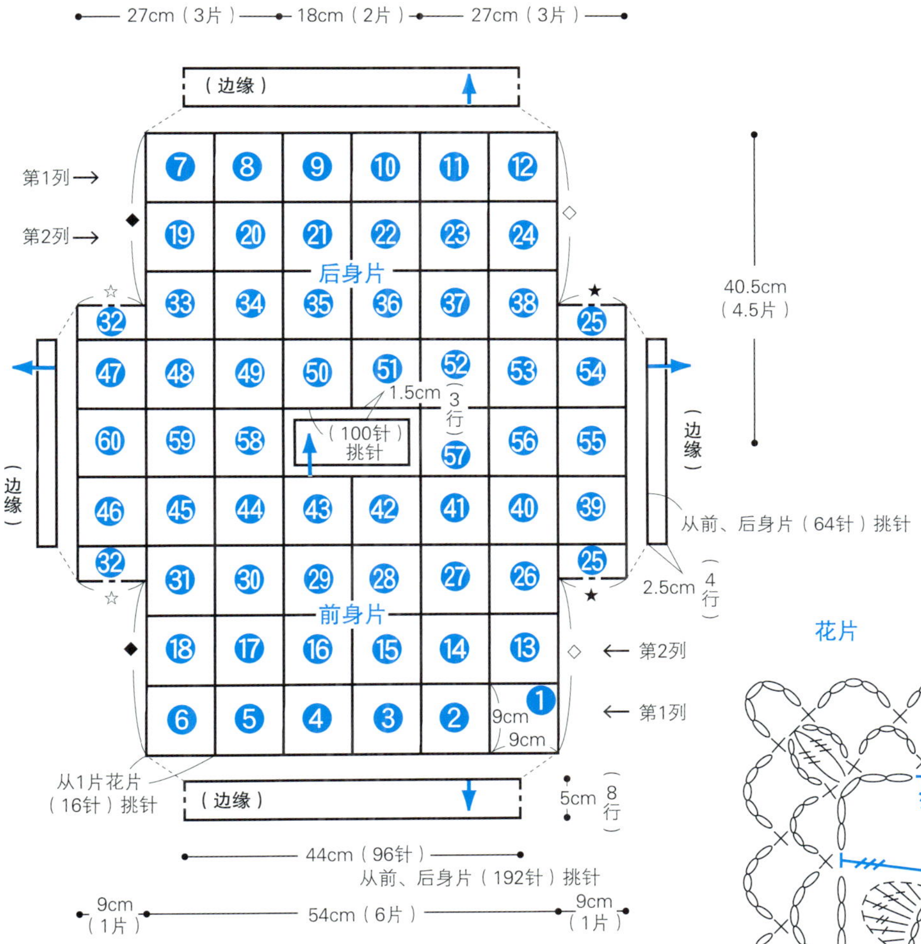

花片　第3行 ×、第5行 的钩织方法参照p.35

● =下摆、袖口的挑针位置

花片的连接方法

※花片38和袖子花片25的下半部分连接

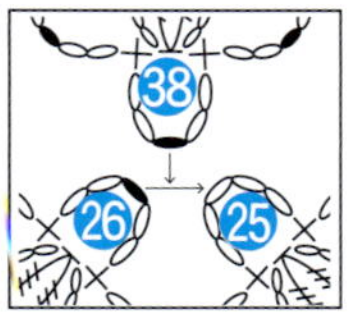

★的连接方法

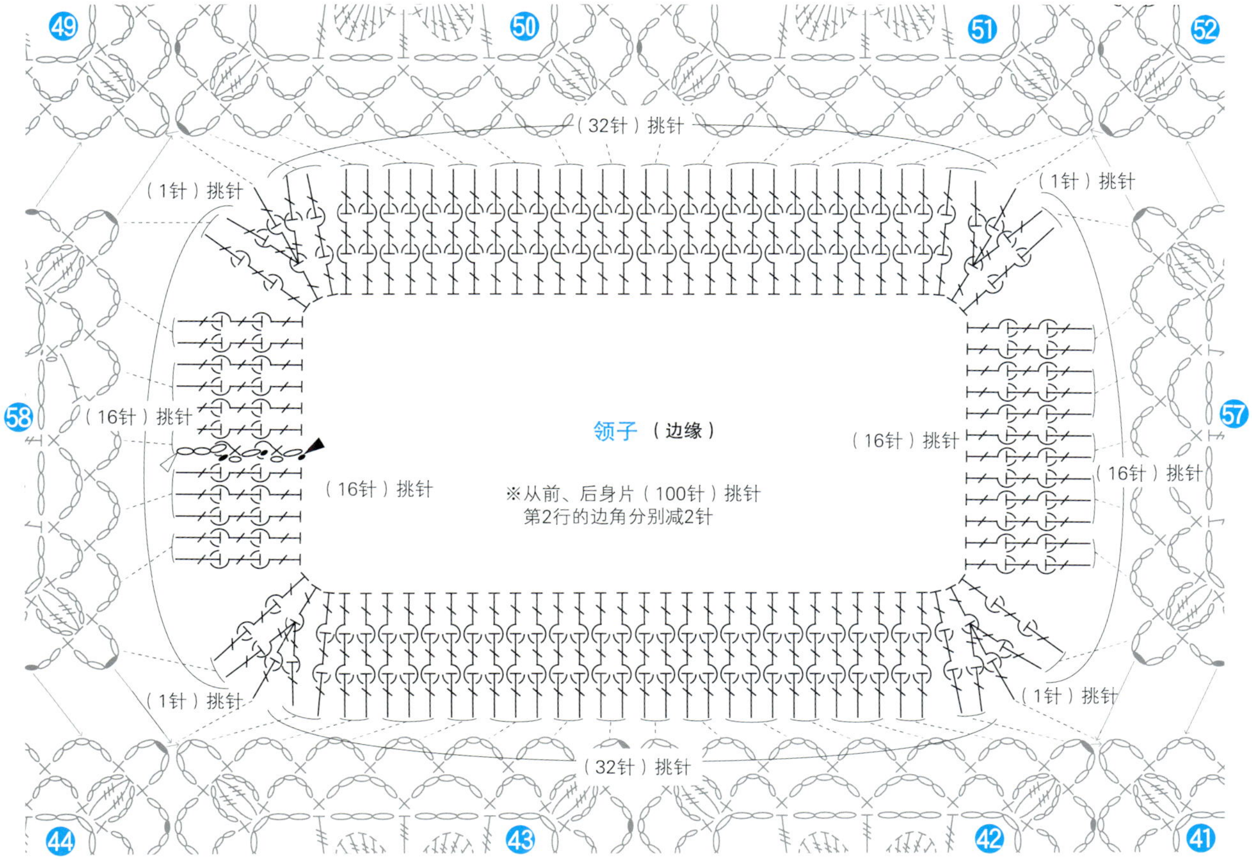

49
50
51
52
（32针）挑针
（1针）挑针
（1针）挑针
58
57
（16针）挑针
领子（边缘）
（16针）挑针
（16针）挑针
（16针）挑针
※从前、后身片（100针）挑针
第2行的边角分别减2针
（1针）挑针
（1针）挑针
（32针）挑针
44
43
42
41

下摆、袖口

（边缘）
从花片一边（16针）挑针
（边缘）
※下摆…8行
袖口…4行
④
③
②
①
环
环

G V领套头衫 成品图 p.16、p.17 制作要点 p.35

线材 横田DARUMA Linen Ramie Cotton 中细 自然色（102）320g

钩针 3/0号、6/0号钩针

钩织密度 10cm×10cm面积内：花样A 29针13行，花样B 29针16行

完成尺寸 胸围约116cm，衣长53cm，袖长35.5cm

钩织方法

1 钩织左、右身片 钩301针锁针起针，按照图解钩织13行花样A、13行花样B、13行花样A，没有加减针。

2 钩织袖子 在前、后身片的指定位置挑针，钩织11行花样B，没有加减针，袖下锁针缝合。

3 钩织边缘 按照图解加线，在开衩和身片中心钩织边缘a，在下摆钩织边缘b。

4 以同样的方法再钩织一片织物。

5 钩织系绳 取2股线钩织锁针做成系绳。共制作2根系绳。

6 完成 在左、右身片的指定位置穿制作系绳连接。

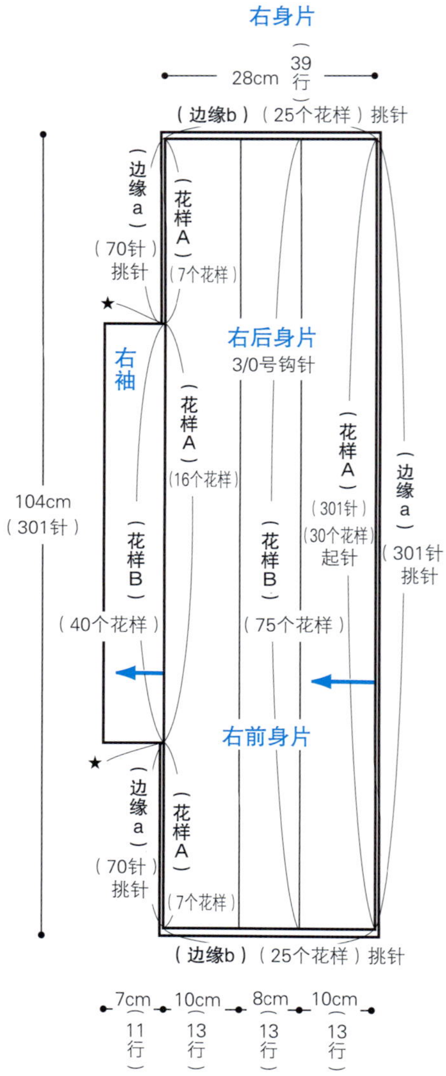

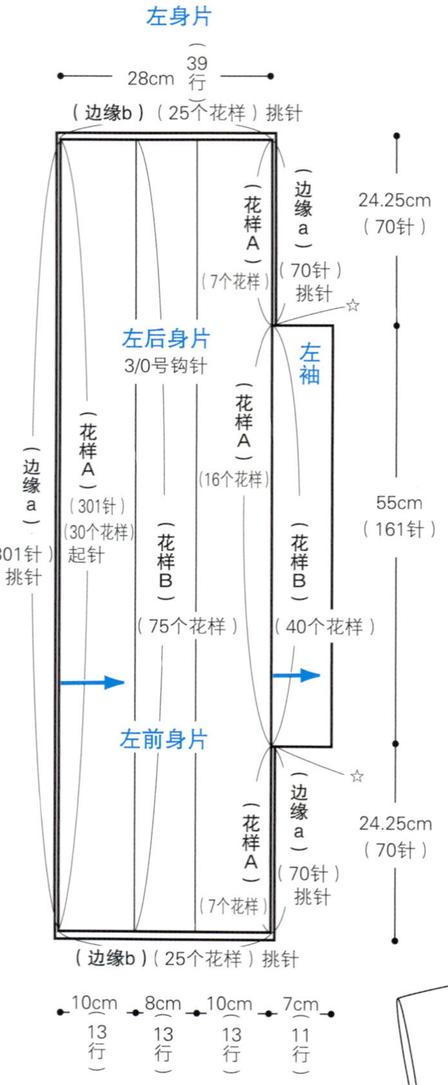

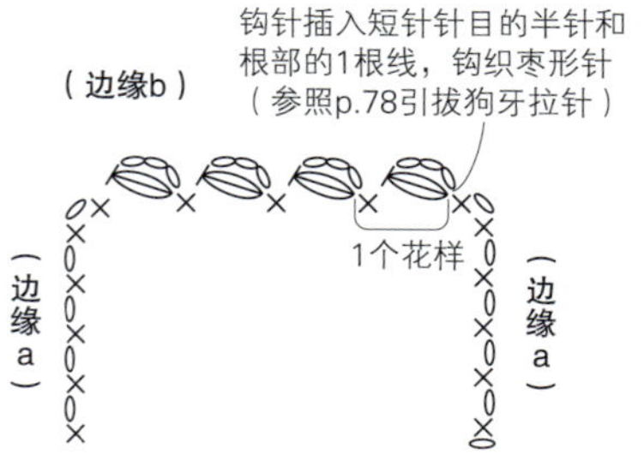

系绳 2根 取2股线 6/0号钩针

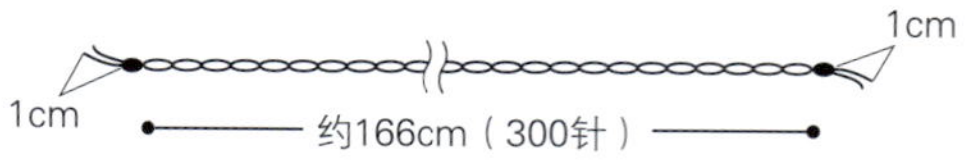

※取2股线钩织锁针，两端打结，留出约1cm长后断线，完成1根系绳

组合方法

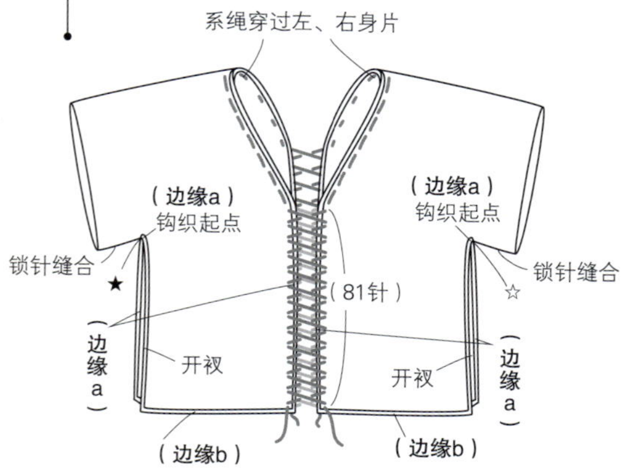

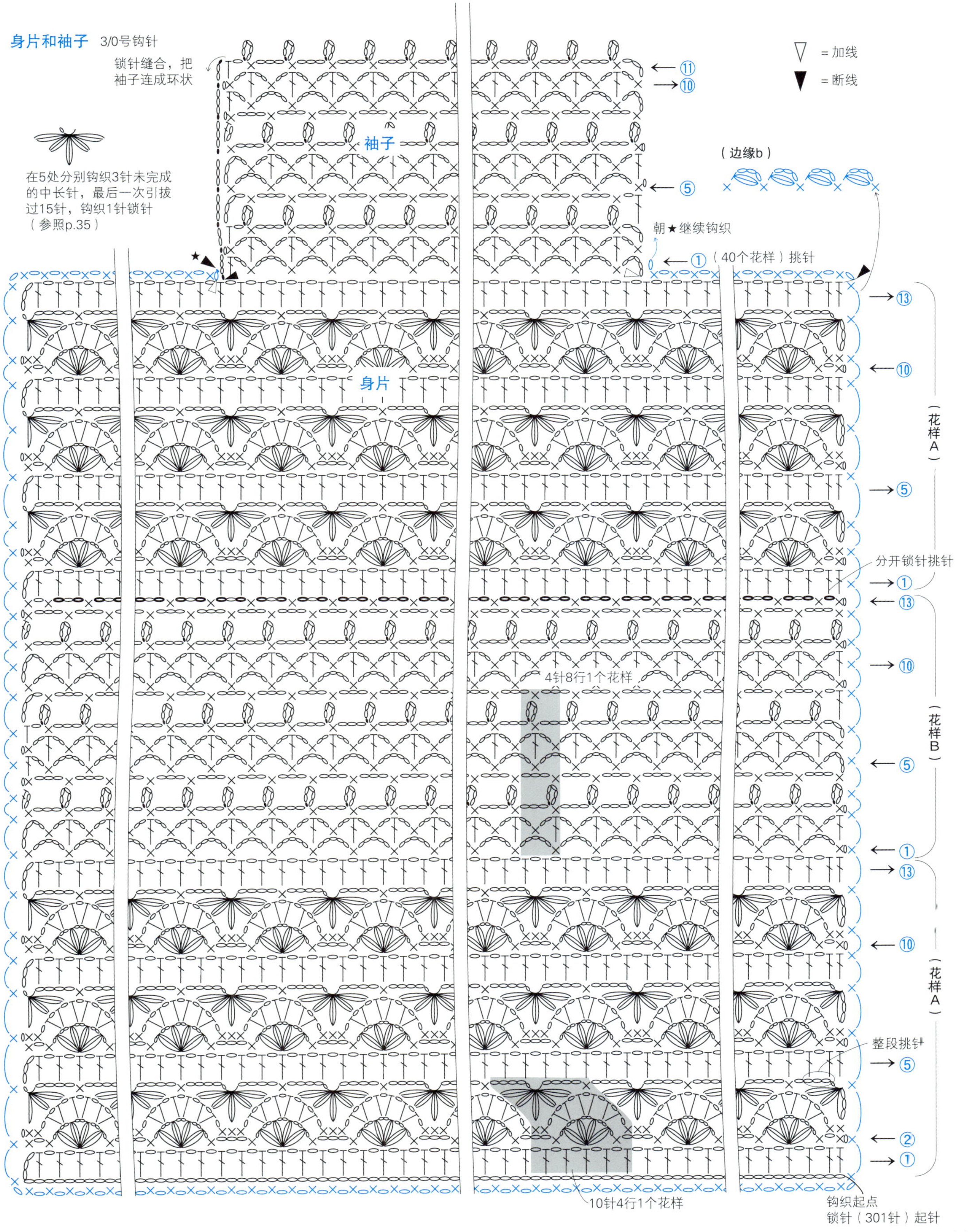

身片和袖子 3/0号钩针
锁针缝合，把袖子连成环状
在5处分别钩织3针未完成的中长针，最后一次引拔过15针，钩织1针锁针（参照p.35）
= 加线
= 断线
袖子
（边缘b）
朝★继续钩织
（40个花样）挑针
身片
（花样A）
（花样B）
分开锁针挑针
4针8行1个花样
整段挑针
10针4行1个花样
钩织起点
锁针（301针）起针

前侧的穿系绳位置

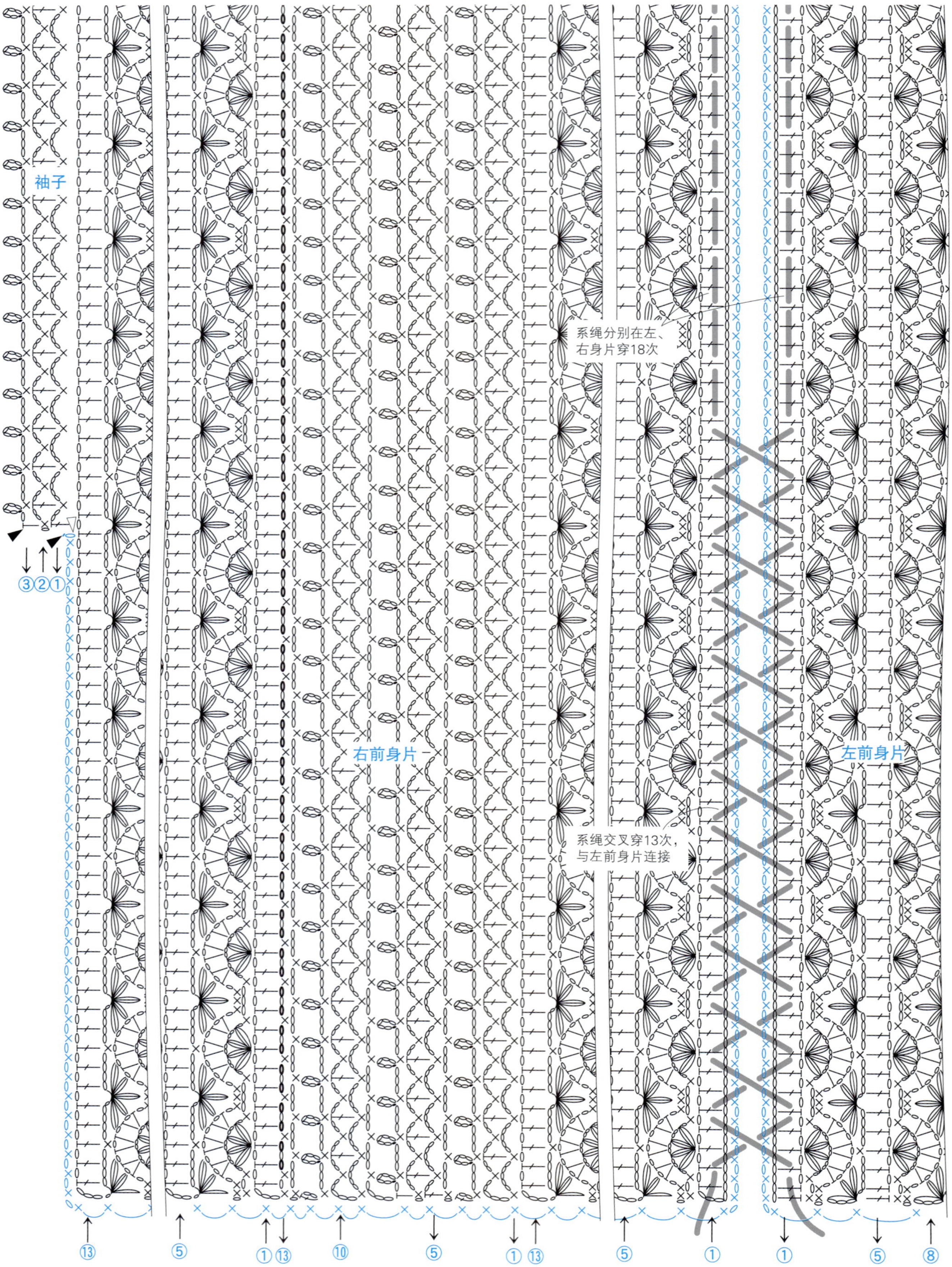

袖子
③②①
右前身片
系绳分别在左、右身片穿18次
系绳交叉穿13次，与左前身片连接
左前身片
⑬
⑤
①⑬
⑩
⑤
①⑬
⑤
①
①
⑤
⑧

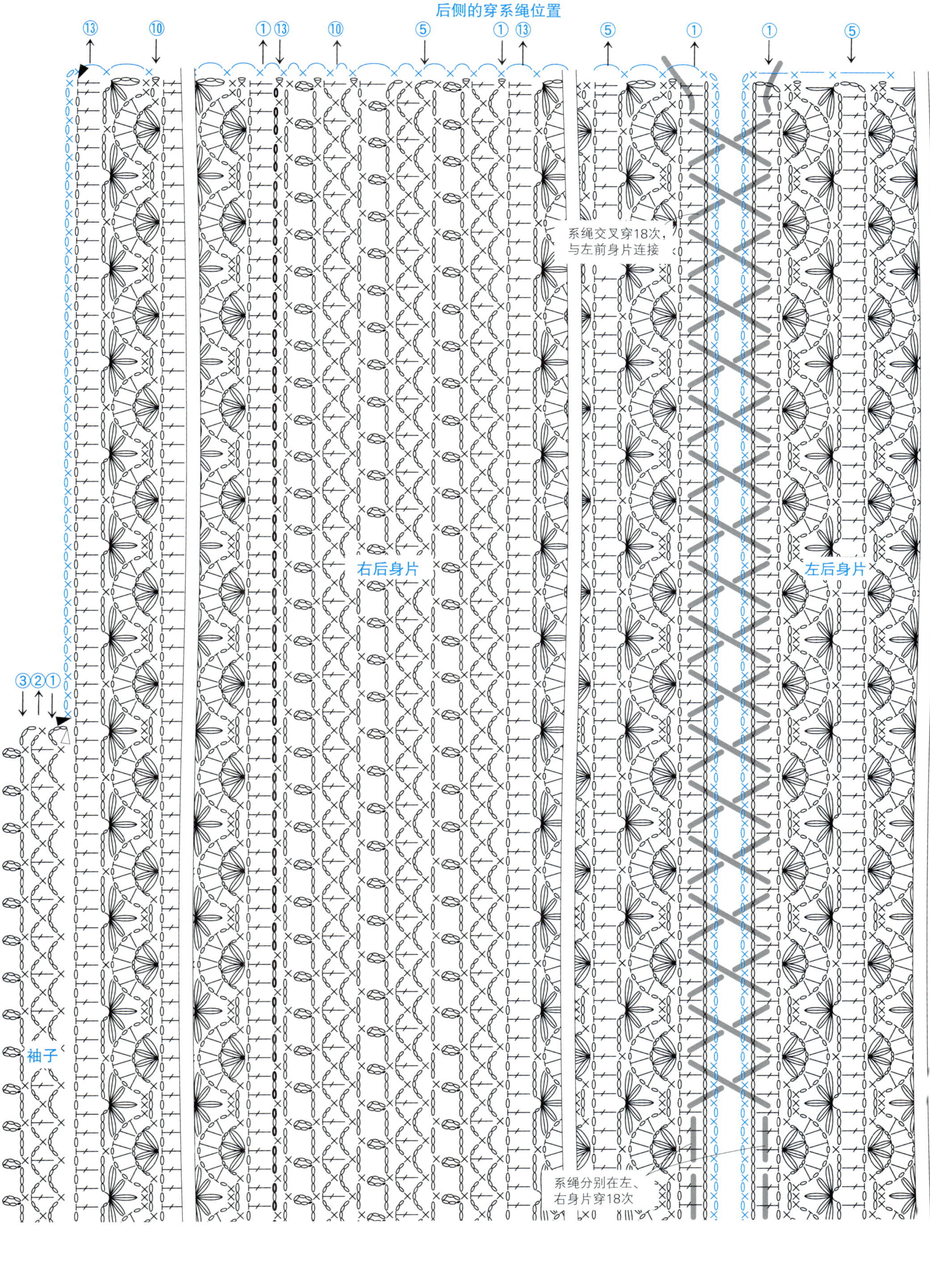

后侧的穿系绳位置
⑬
⑩
①
⑬
⑩
⑤
①
⑬
⑤
①
①
⑤
系绳交叉穿18次，
与左前身片连接
右后身片
左后身片
③②①
袖子
系绳分别在左、
右身片穿18次

I 八分袖套头衫 成品图 p.20、p.21

线材 芭贝 Foch 原白色（802）370g
钩针 5/0号钩针
钩织密度 10cm×10cm面积内：花样 25针11.5行
完成尺寸 胸围108cm，衣长53cm，袖长62.5cm

钩织方法

1 钩织前、后身片 钩135针锁针起针，钩织60行花样，没有加减针。第39行钩织完成后，做好缝袖子止位的记号。
2 钩织袖子 钩93针锁针起针，钩织40行花样，没有加减针。
3 接合肩部，缝袖子 肩部锁针接合，袖子和身片锁针缝合。
4 缝合胁边和袖下 胁边和袖下锁针缝合。
5 钩织边缘 分别在下摆、袖口和领窝环形钩织边缘。

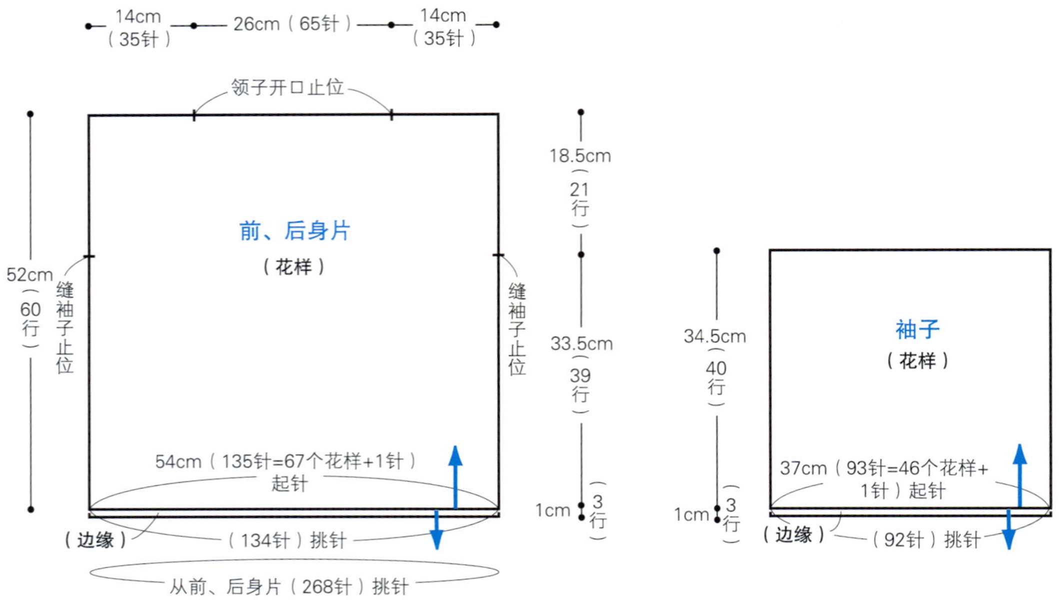

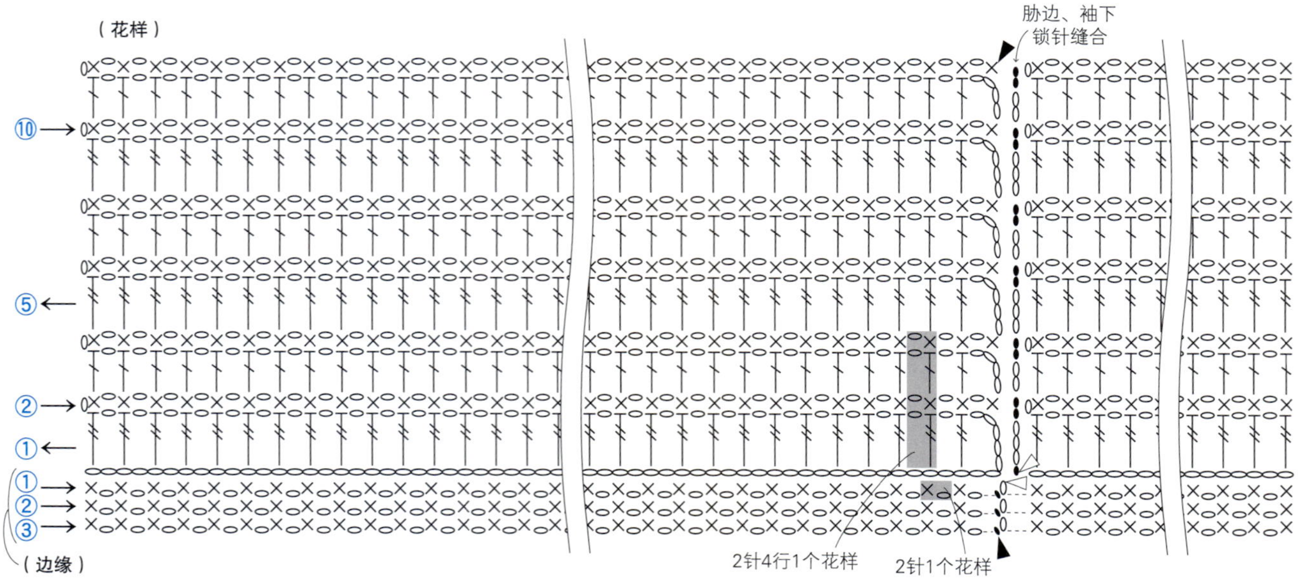

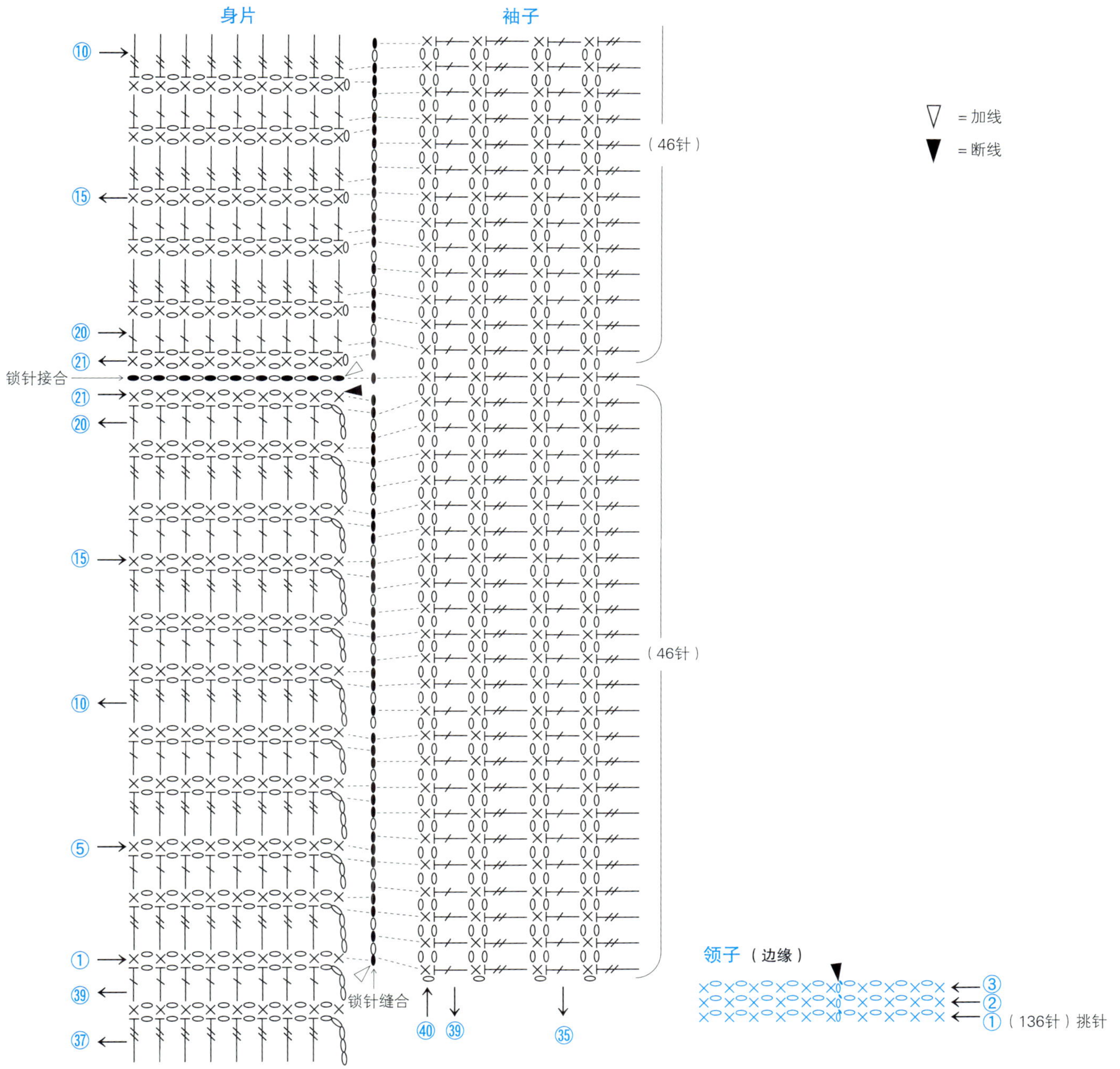
身片
袖子
⑩
⑮
⑳
㉑
锁针接合
㉑
⑳
⑮
⑩
⑤
①
㊴
㊲
锁针缝合
㊵ ㊴
㉟
（46针）
（46针）
▽ = 加线
▼ = 断线
领子（边缘）
③
②
①（136针）挑针

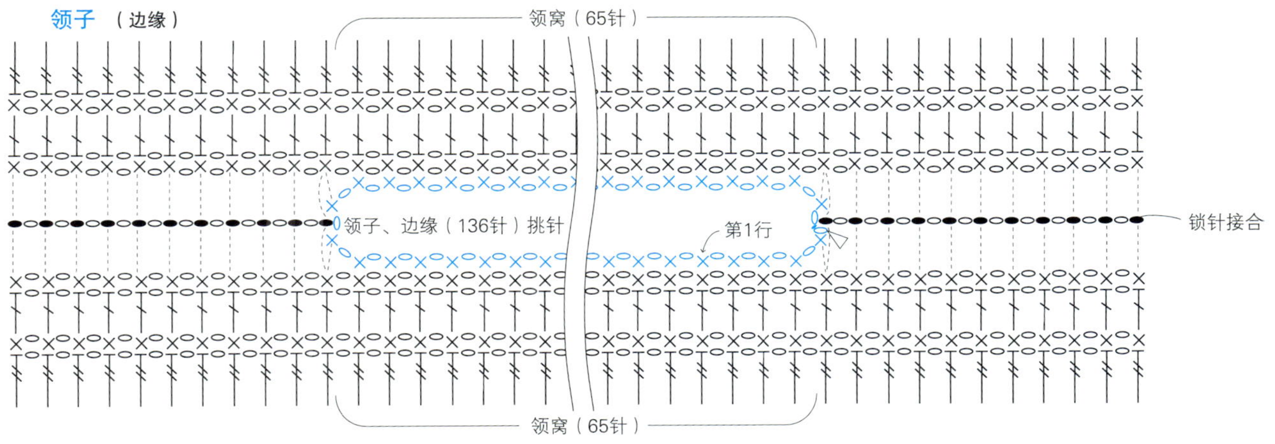
领子（边缘）
领窝（65针）
领子、边缘（136针）挑针
第1行
锁针接合
领窝（65针）

II 有领开衫 成品图 p.18、p.19

线材 和麻纳卡 世界棉 America Loop（链条线） 原白色（301） 270g
其他材料 直径15mm的纽扣 6颗
钩针 5/0号、4/0号钩针
钩织密度 10cm×10cm面积内：花样A 24针14行，花样B 22针14行
完成尺寸 胸围约106cm，衣长50.5cm，袖长41.5cm

钩织方法

1 钩织后身片 钩128针锁针起针，钩织42行花样A，没有加减针，按照图解减针，钩织袖窿，第27、28行钩织后领窝。
2 钩织左前身片、右前身片 钩67针锁针起针，钩织42行花样A、花样B，没有加减针，按照图解减针，钩织袖窿、左前领窝、右前领窝。
3 接合肩部 肩部做卷针接合。
4 钩织袖子 从前、后身片挑针，钩织5行花样A，没有减针，再继续钩织17行花样A，按照图解两侧减针。改换4/0号钩针，钩织边缘的4行短针。
5 钩织领子 左前身片背面朝前，从前、后身片挑针，钩织花样B，按照图解分散加针（图解参照p.44）。
6 缝合胁边、袖下 胁边和袖下锁针缝合袖子和身片的☆对齐，卷针缝合。
7 钩织下摆 使用4/0号钩针，在左前身片加线，前、后身片钩织边缘的4行短针。
8 在指定位置缝上纽扣。

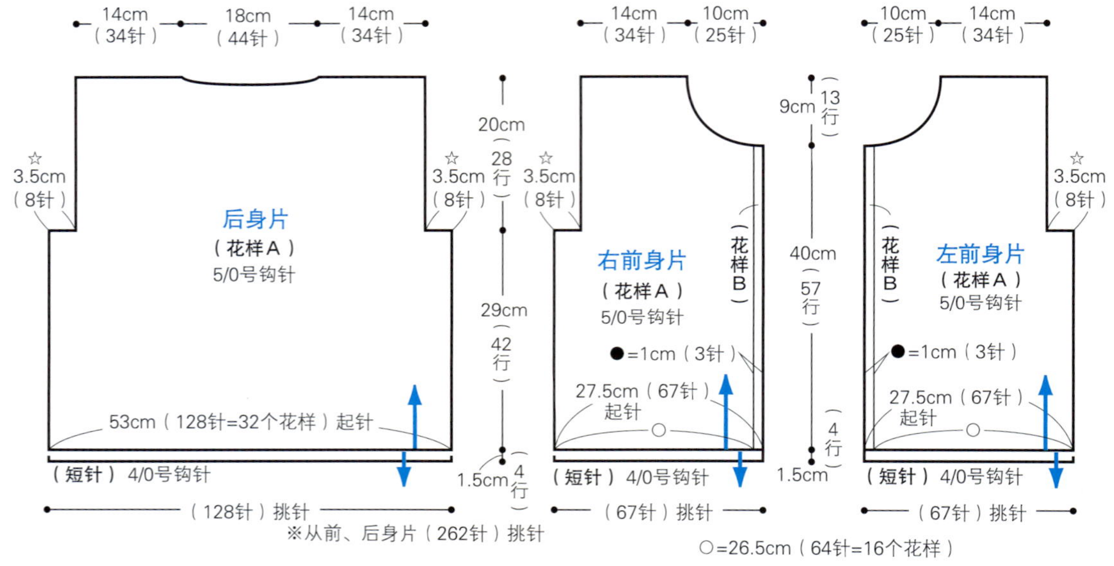

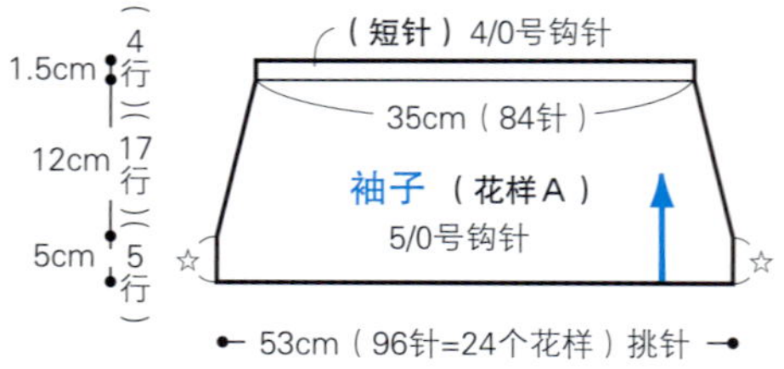

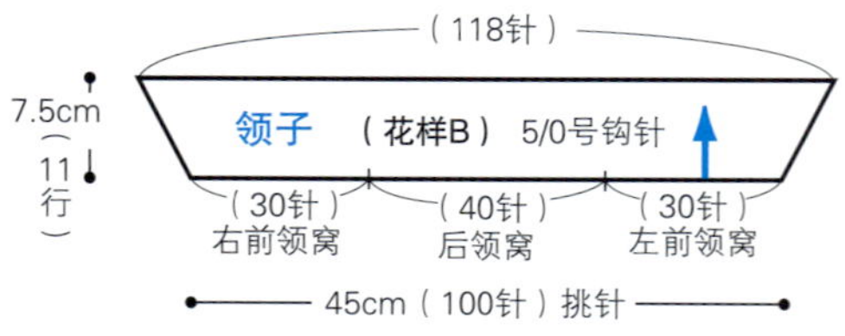

扣眼位置

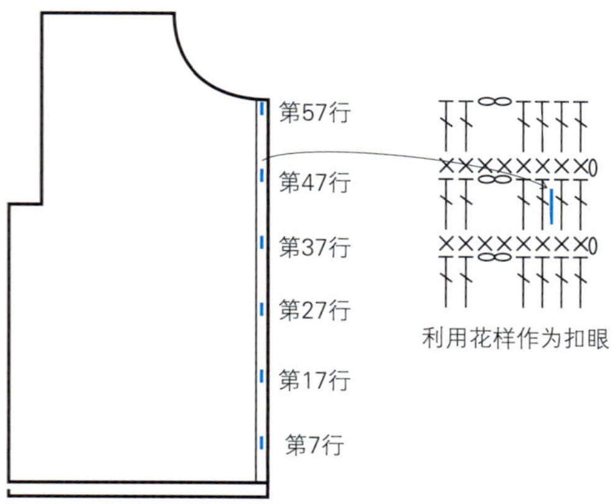

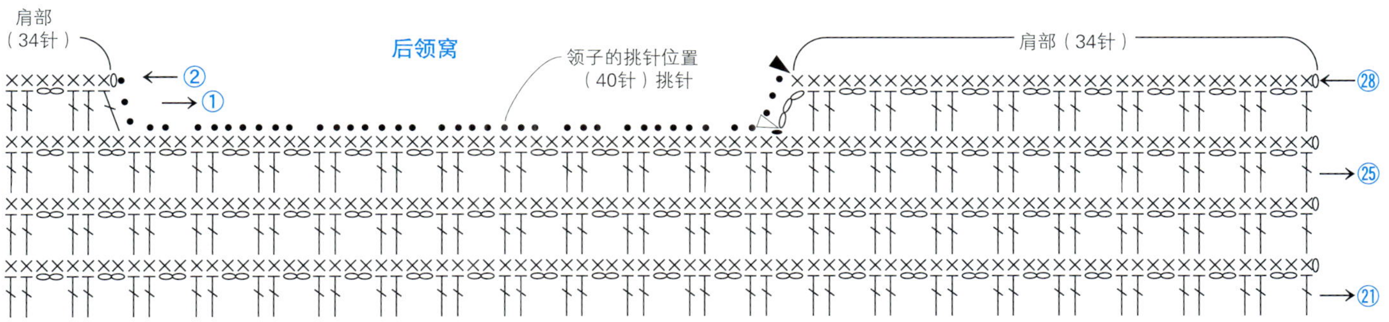

后领窝
肩部（34针）
领子的挑针位置（40针）挑针
肩部（34针）

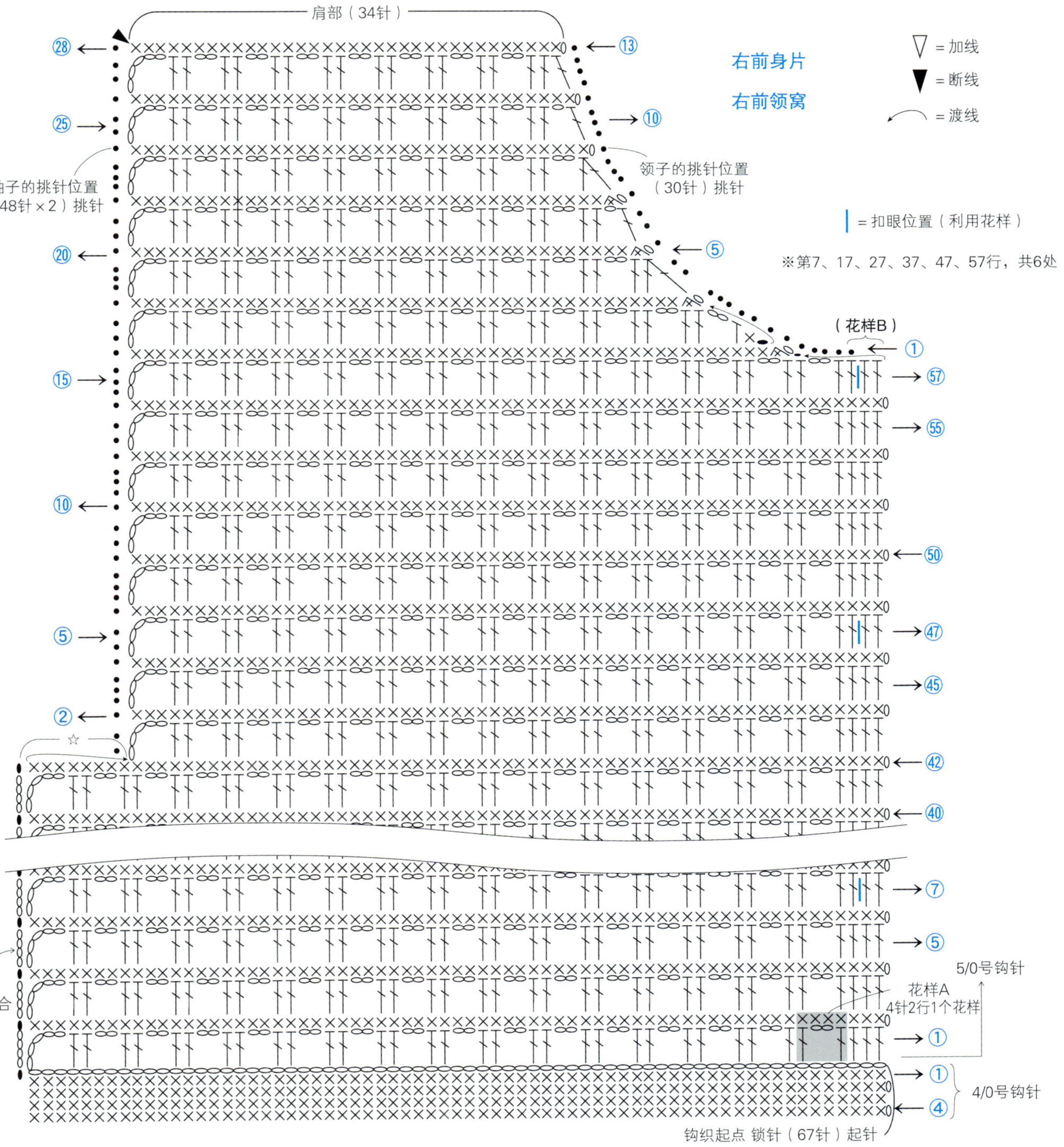

右前身片
右前领窝
▽ = 加线
▼ = 断线
= 渡线
肩部（34针）
领子的挑针位置（30针）挑针
袖子的挑针位置（48针×2）挑针
= 扣眼位置（利用花样）
※第7、17、27、37、47、57行，共6处
（花样B）
胁边
锁针缝合
5/0号钩针
花样A
4针2行1个花样
4/0号钩针
钩织起点 锁针（67针）起针

（领子图解）下转p.44

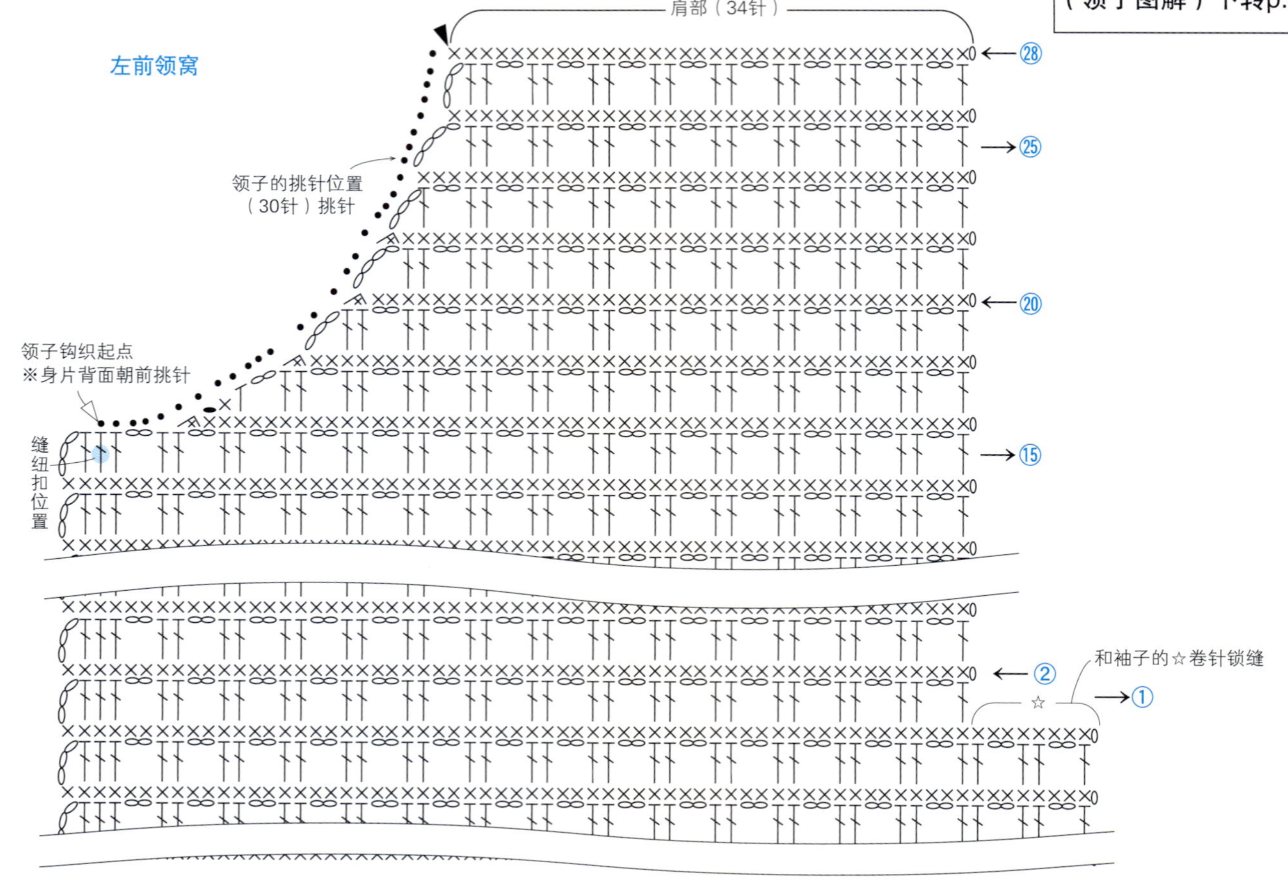
左前领窝
肩部（34针）
领子的挑针位置
（30针）挑针
领子钩织起点
※身片背面朝前挑针
缝纽扣位置
28
25
20
15
2
1
和袖子的☆卷针锁缝
☆

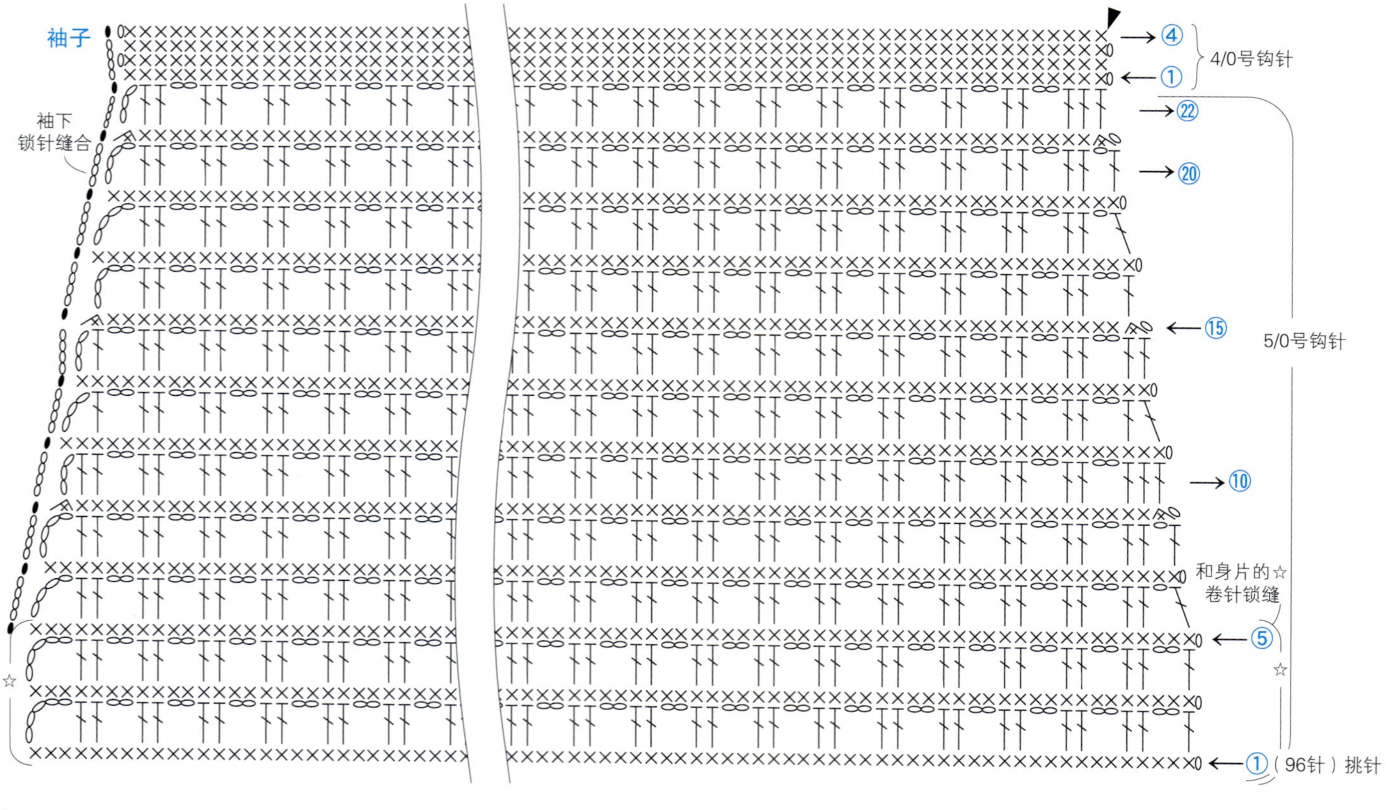
袖子
袖下
锁针缝合
4
1
4/0号钩针
22
20
15
5/0号钩针
10
和身片的☆
卷针锁缝
5
☆
1（96针）挑针

K 方格网眼长上衣

成品图 p.24、p.25　制作要点 p.36

线材　和麻纳卡 水洗亚麻线 浅灰色（2）270g

钩针　3/0号钩针

钩织密度　10cm×10cm面积内：花样A、花样B均为33针6.5行

完成尺寸　胸围约118cm，衣长74.5cm，袖长30cm

钩织方法

1　钩织前、后身片　钩194针锁针，交替钩织花样A和花样B共45行，按照图解调整针数，没有加减针，最后再钩织3行肩斜。

2　接合肩部　交替着钩1针锁针和1针引拔针接合肩部。

3　缝合胁边　留出开衩部分，交替着钩4针锁针和1针引拔针缝合胁边。

4　钩织边缘a、b　袖口、开衩和下摆分别钩织边缘a和边缘b。

5　钩织边缘c　领窝钩织边缘c。

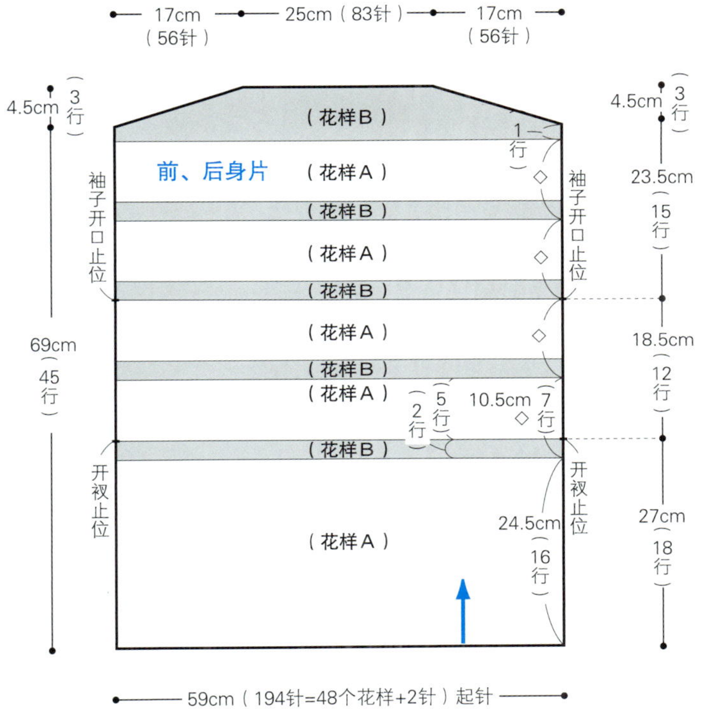

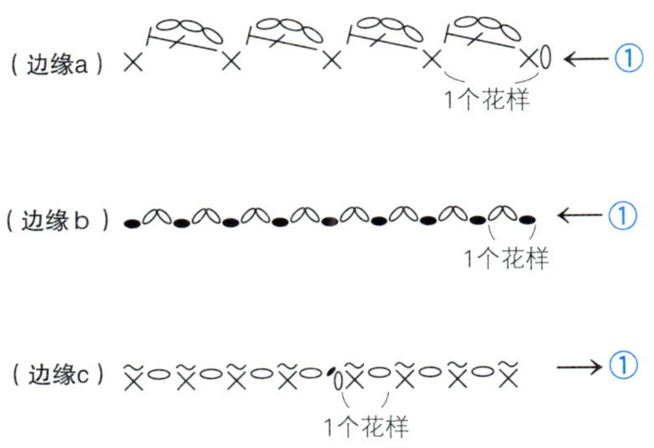

领子、袖口、下摆的边缘钩织

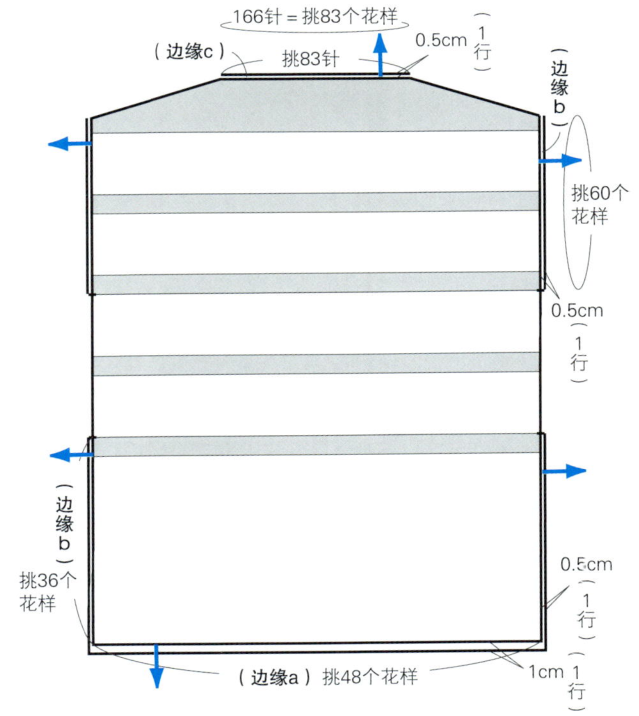

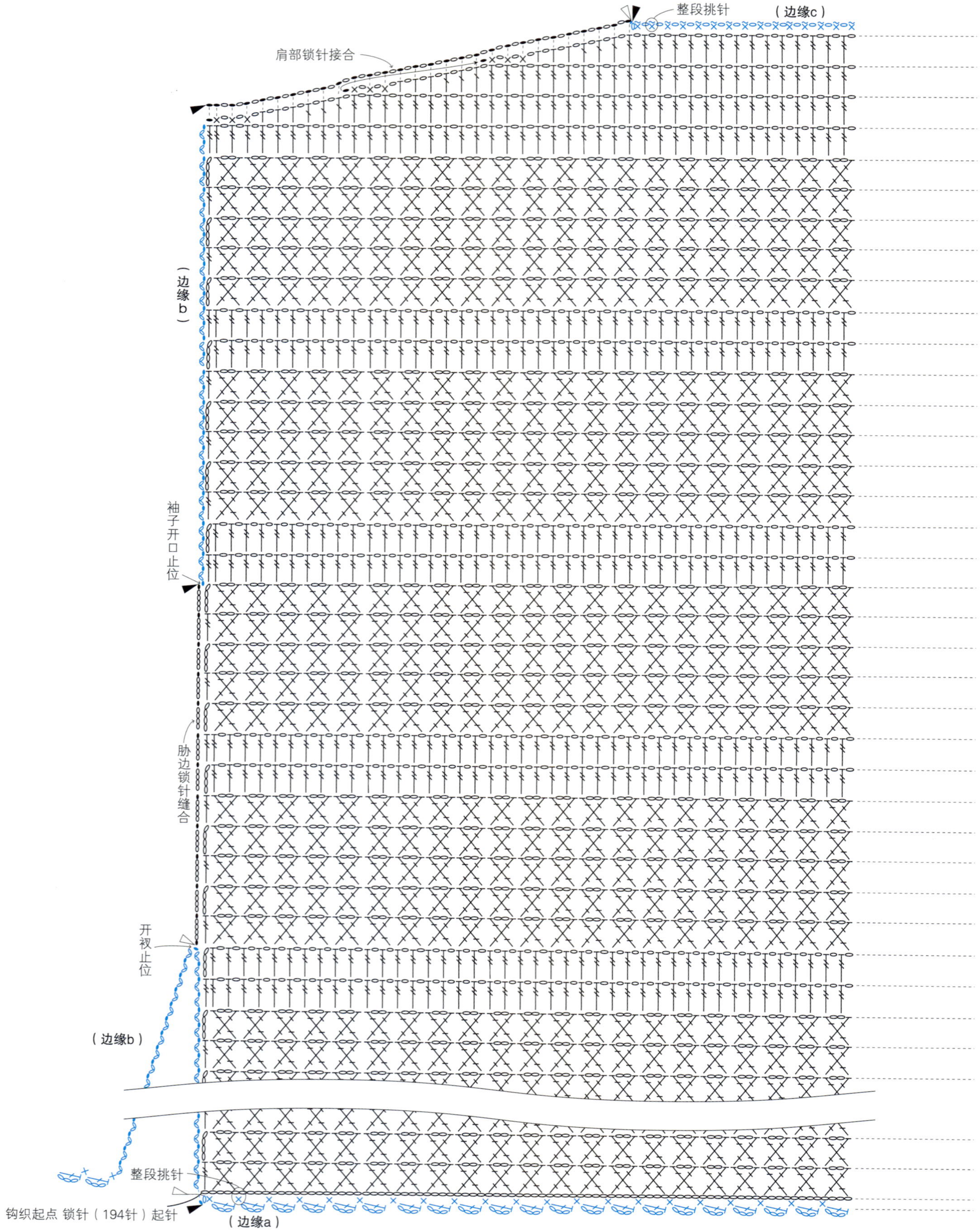

整段挑针
（边缘c）
肩部锁针接合
（边缘b）
袖子开口止位
胁边锁针缝合
开衩止位
（边缘b）
整段挑针
钩织起点 锁针（194针）起针
（边缘a）

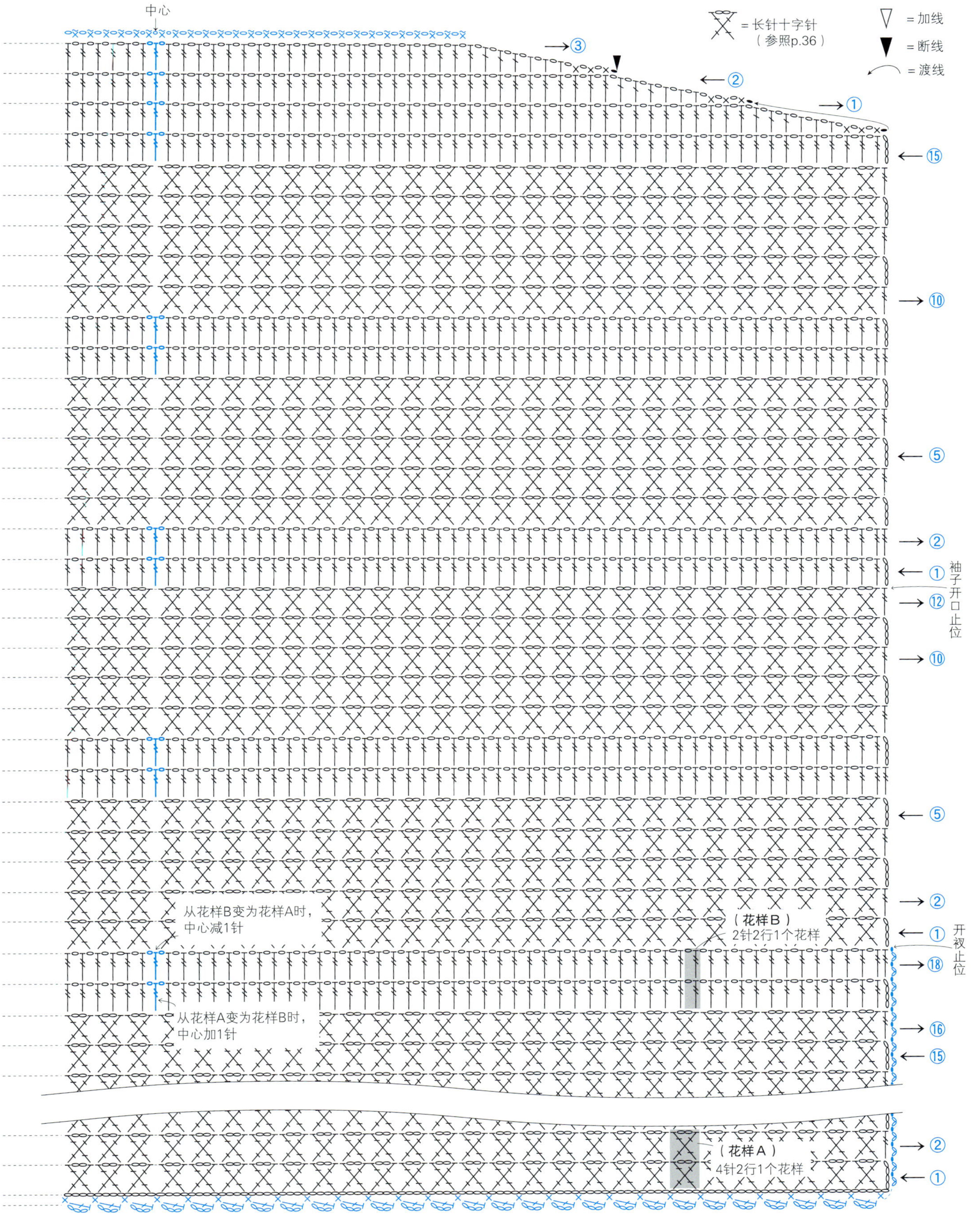

中心
= 长针十字针
（参照p.36）
= 加线
= 断线
= 渡线
→③
←②
→①
←⑮
→⑩
←⑤
→②
←①
袖子开口止位
→⑫
→⑩
←⑤
→②
←①
开衩止位
从花样B变为花样A时，
中心减1针
（花样B）
2针2行1个花样
→⑱
从花样A变为花样B时，
中心加1针
→⑯
←⑮
（花样A）
4针2行1个花样
→②
←①

J 连帽套头衫 成品图 p.22、p.23

线材 和麻纳卡 Flax k 海军蓝色（17）470g

钩针 5/0号钩针

钩织密度 10cm×10cm面积内：花样A 22.5针9.6行，花样B 22.5针9.7行

完成尺寸 胸围约118cm，衣长59cm，袖长约29.5cm

钩织方法

1 钩织身片① 钩265针锁针，钩织12行花样A、7行花样B，没有加减针，继续仅钩织后身片的133针，钩织19行，断线。

2 钩织身片② 在身片①加线，钩织19行花样B，同时钩织前领窝。第20行从身片①挑针，钩织7行花样B、12行花样A。

3 钩织帽子 按照◆、◎、◇的顺序挑87针，按照图解，钩织30行花样B。

4 接合胁边、帽顶 织物正面朝外，分别对齐胁边的♡、♥记号，对齐帽顶的★记号，卷半针接合。

5 钩织边缘 前侧开口和帽子一周钩织1行短针。在前侧开口的指定位置，继续钩织系绳。

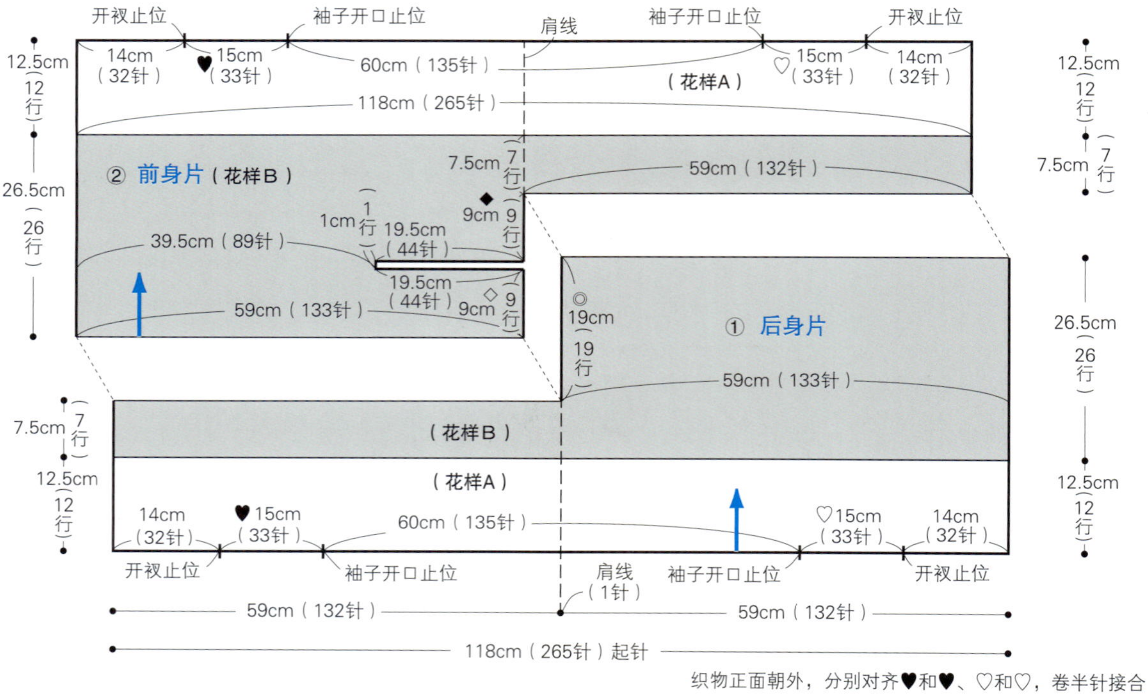

前侧开口、帽子的边缘

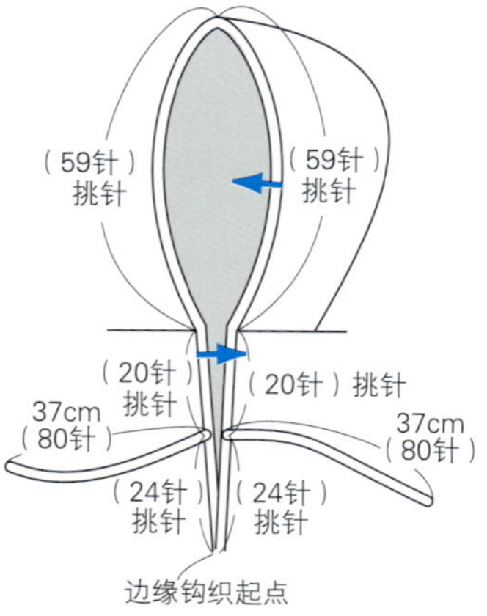

前领窝开口部分

（边缘）

※挑锁针的里山钩织引拔针

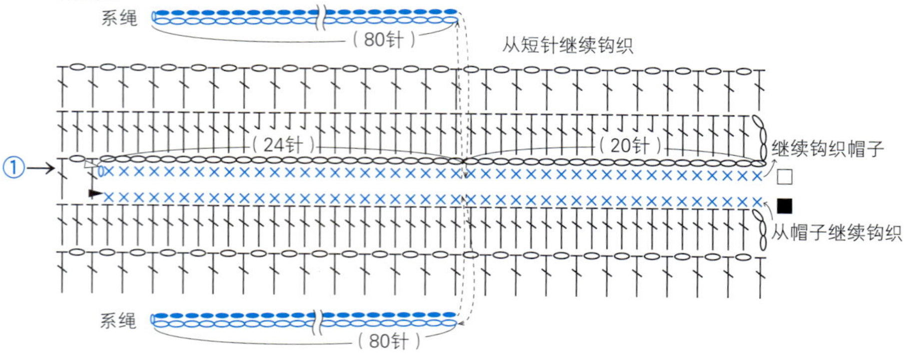

前、后身片

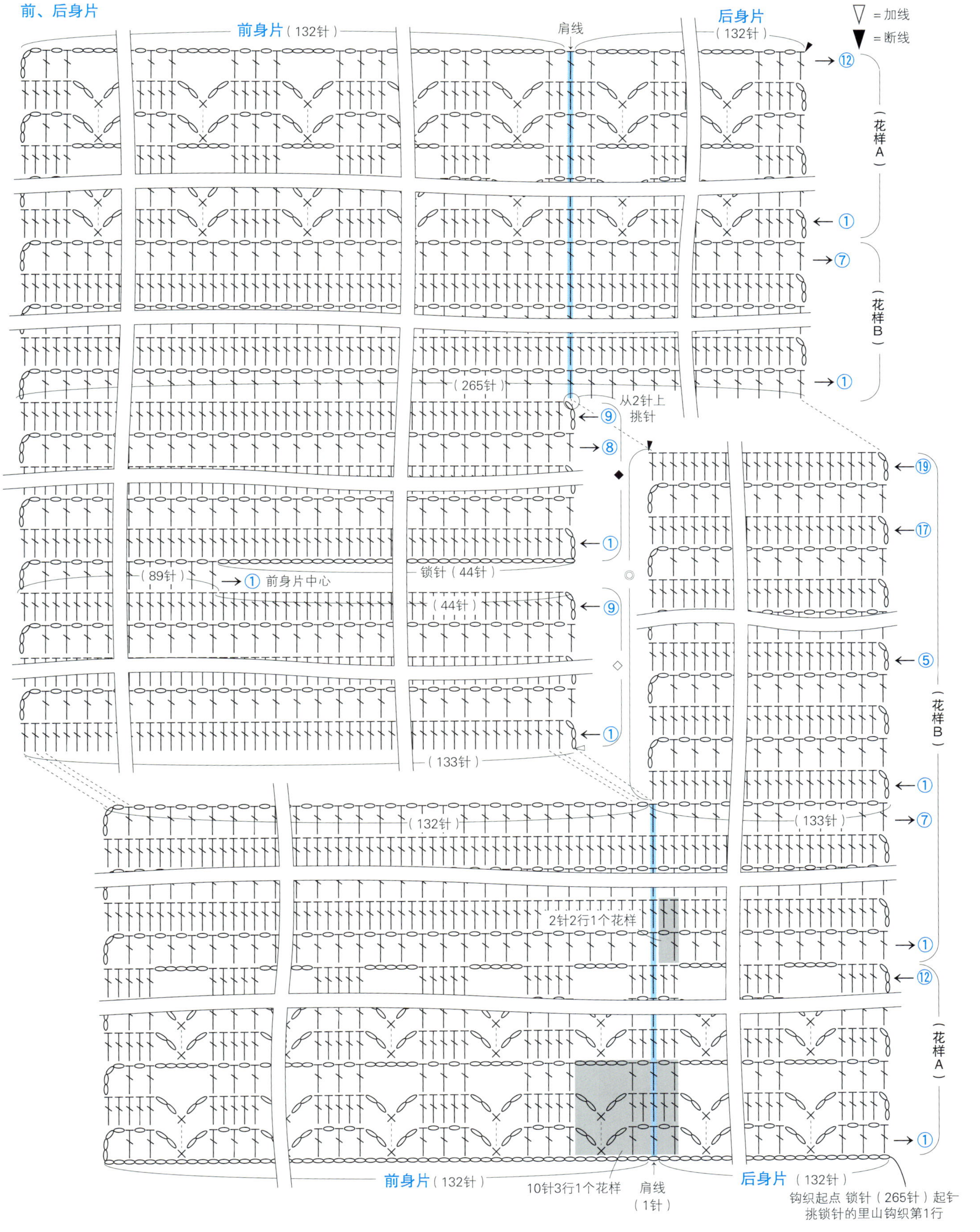

▽ = 加线
▼ = 断线
前身片（132针）
后身片（132针）
肩线
⑫
花样A
①
⑦
花样B
①
（265针）
从2针上挑针
⑨
⑧
◆
①
（89针）
→① 前身片中心
锁针（44针）
◎
（44针）
⑨
◇
①
（133针）
⑲
⑰
⑤
①
（132针）
（133针）
⑦
2针2行1个花样
①
⑫
①
前身片（132针）
10针3行1个花样
肩线
（1针）
后身片（132针）
钩织起点 锁针（265针）起针
挑锁针的里山钩织第1行

帽子

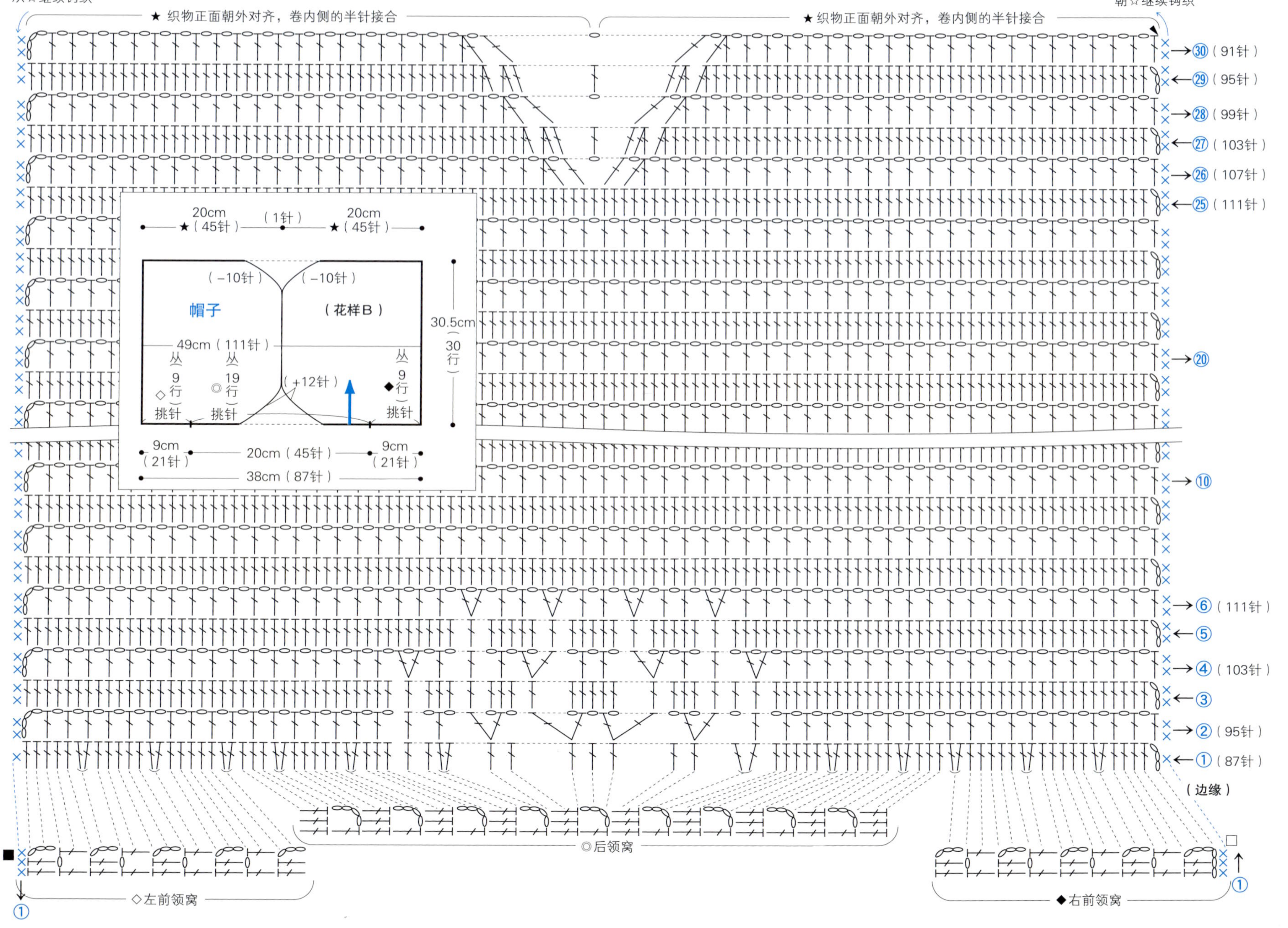

从☆继续钩织
★织物正面朝外对齐，卷内侧的半针接合
朝☆继续钩织
★织物正面朝外对齐，卷内侧的半针接合
30（91针）
29（95针）
28（99针）
27（103针）
26（107针）
25（111针）
20
10
6（111针）
5
4（103针）
3
2（95针）
1（87针）
（边缘）
◎后领窝
◇左前领窝
◆右前领窝
1
1
20cm ★（45针）
（1针）
20cm ★（45针）
（−10针）
（−10针）
帽子
（花样B）
30.5cm（30行）
49cm（111针）
从◇9行挑针
从◎19行挑针
从◆9行挑针
（+12针）
9cm（21针）
20cm（45针）
9cm（21针）
38cm（87针）

M 圆育克套头衫 成品图 p.28、p.29 制作要点 p.36

线材 横田DARUMA Rambouillet Wool 灰蓝色（5）360g

钩针 6/0号钩针

钩织密度 10cm×10cm面积内：花样20针11行

完成尺寸 胸围约104cm，衣长47cm，袖长23cm

钩织方法

1 钩织育克 钩120针锁针起针，钩织22行花样，分散加针。继续钩12针侧边的锁针（◆、★），在指定位置引拔，断线。另一侧侧边也钩12针锁针（◇、☆）。

2 钩织前、后身片 在侧边的指定位置加线，从★挑6针，育克挑96针，☆、◇挑12针，另一侧的育克挑96针，◆挑6针，共挑216针，钩织28行花样，没有加减针，继续再钩织3行边缘。

3 钩织领子 在育克的起针针目加线，钩织2行领子的边缘。

4 钩织袖口 左、右袖口分别从侧边的锁针挑12针，从育克挑60针，共挑72针，环形钩织3行边缘。

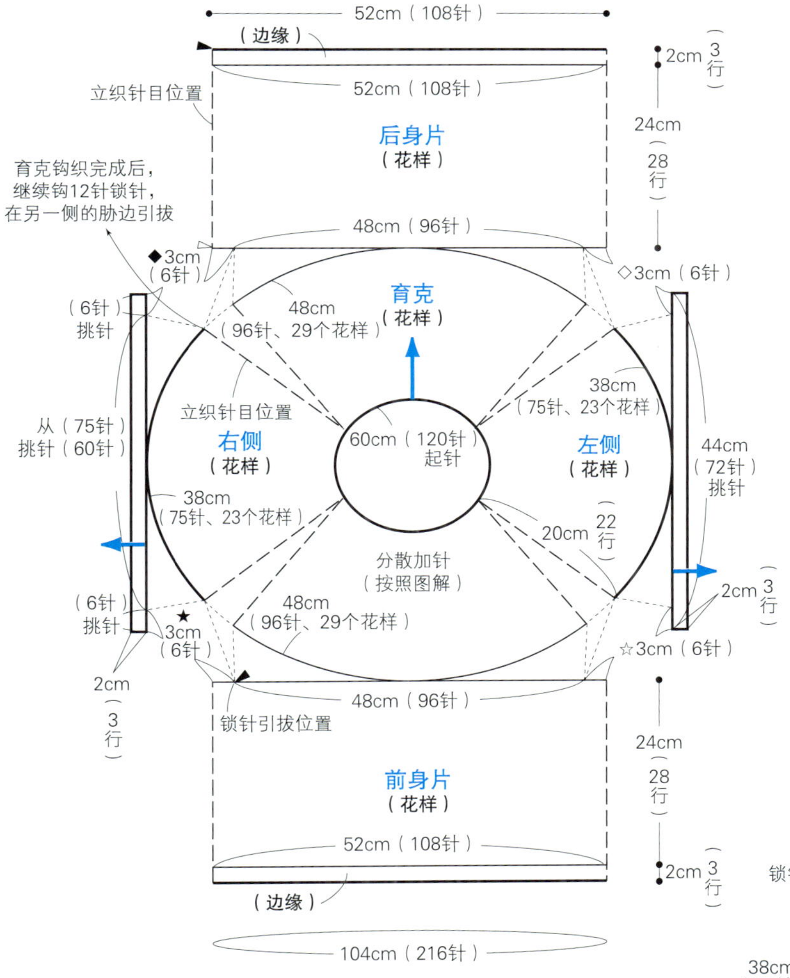

①前、后身片（6+96+12+96+6=216针）挑针钩织

②袖口边缘（6+60+6=72针）挑针钩织

◆、◇、☆、★=3cm（6针）

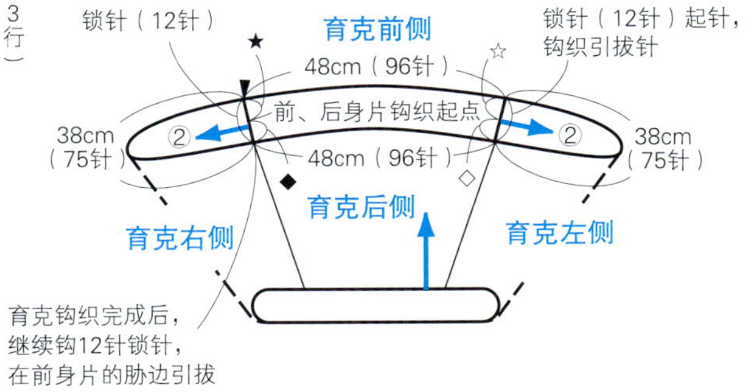

育克分散加针的方法 （花样）

※中长针按相反的钩织方向钩织

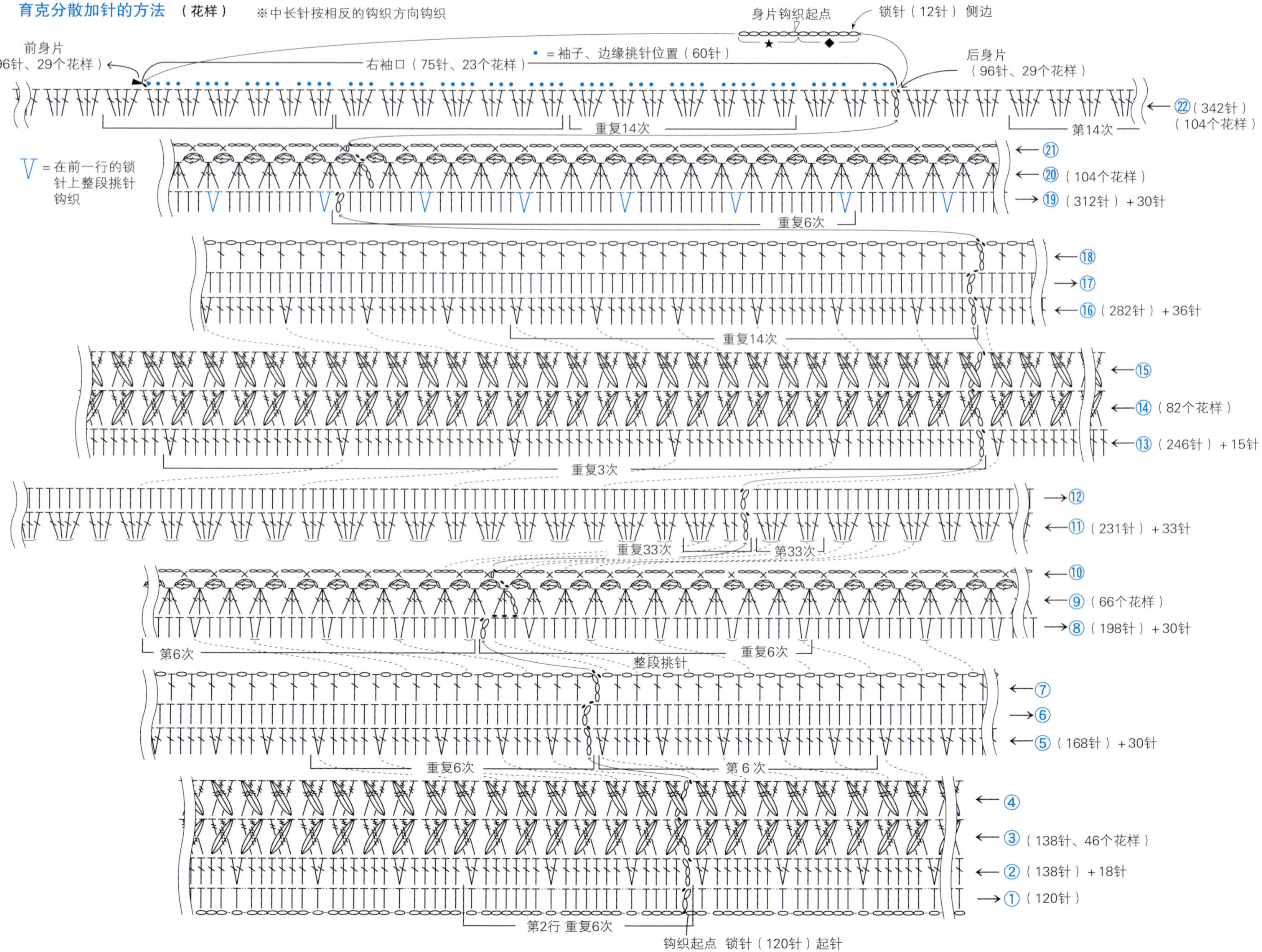

前、后身片（花样）（边缘） ※中长针按相反的钩织方向钩织

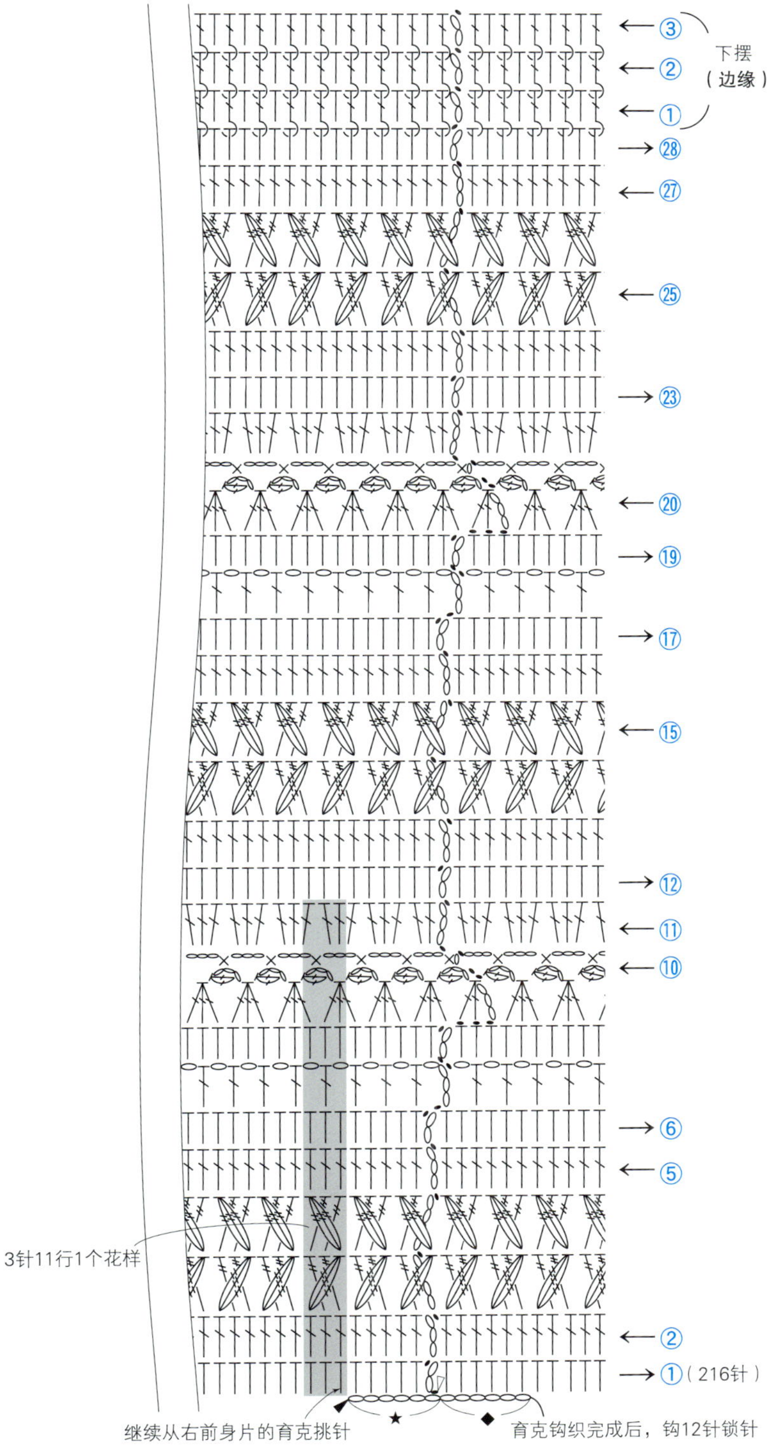

☆、◇钩12针锁针

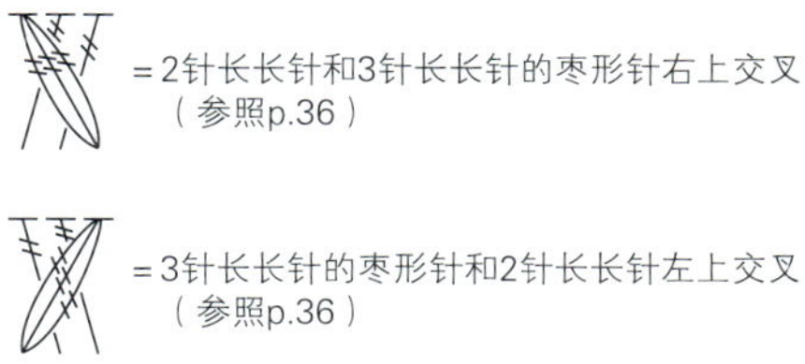

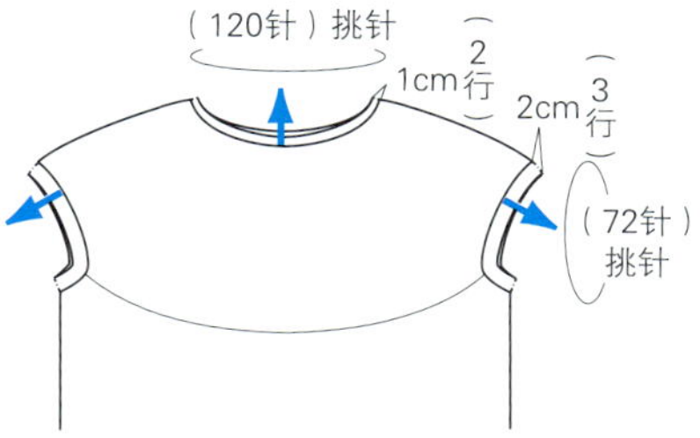

领子（边缘）

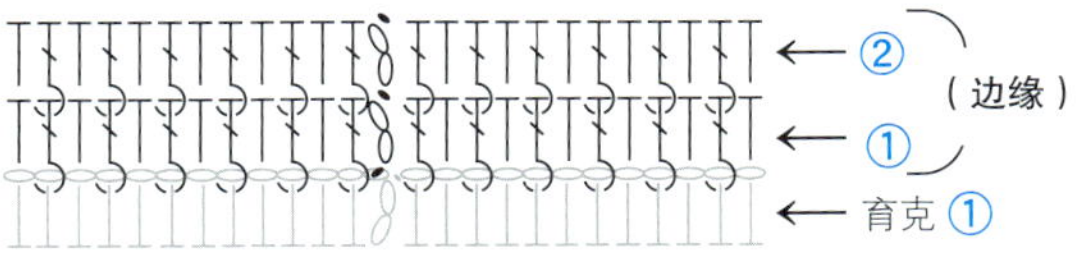

袖口（边缘）

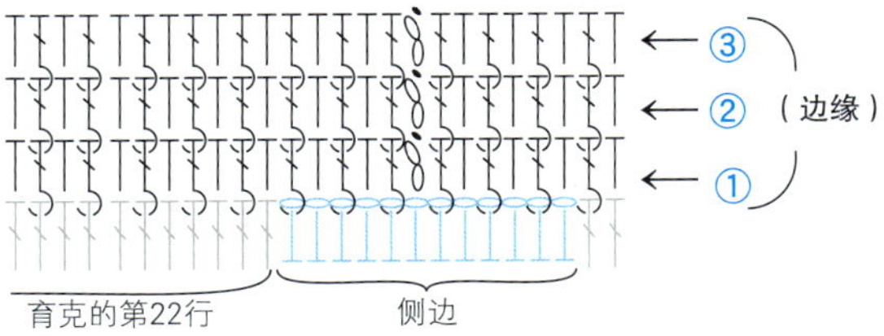

L 祖母方格抹胸 成品图 p.26、p.27

线材 芭贝 Princess Anny 茶色（529）110g、原白色（502）75g、绿色（560）40g
其他材料 直径11.5mm的纽扣 3颗
钩针 6/0号钩针
钩织密度 花片A 15.5cm×15.5cm，花片B 9cm×9cm
完成尺寸 胸围约94.5cm，衣长41cm

钩织方法

1 钩织花片 手指绕线环起针，按照图解配色，钩织6片花片A、8片花片B。
2 连接花片 卷外侧的半针锁缝连接花片。连接6片花片A做成身片。连接4片花片B做成一条肩带（共做2条）。
3 钩织边缘 在前、后身片和肩带的一周，分别按照指定颜色钩织边缘。
4 组合 在身片的指定位置卷针锁缝肩带。
5 缝纽扣 在指定位置缝上纽扣。

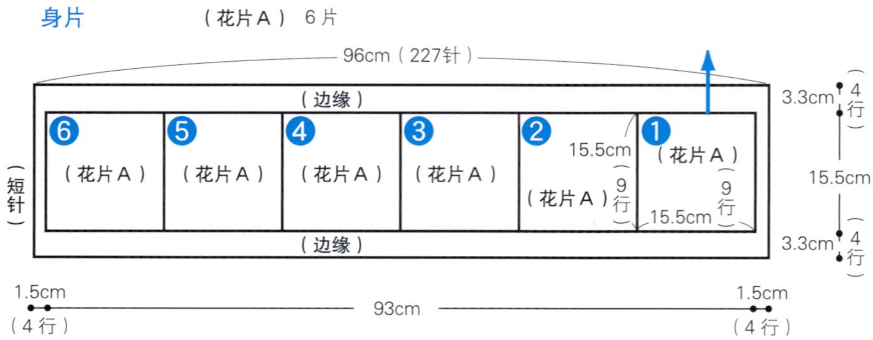

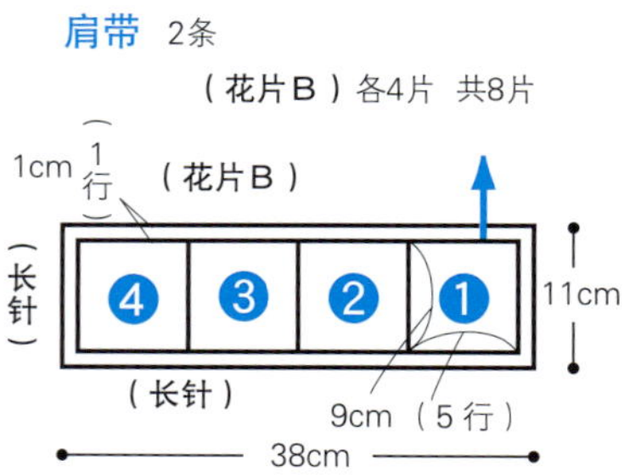

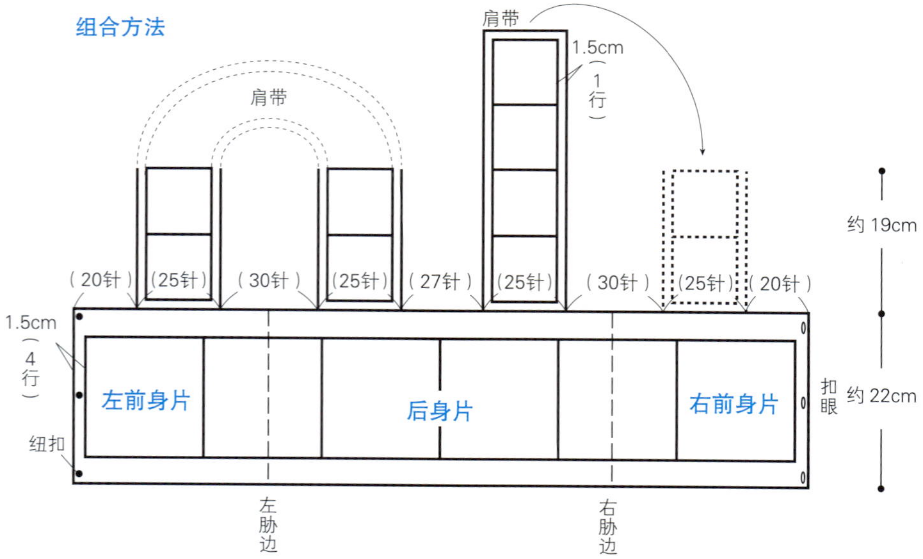

肩带 2条 （花片B） 连接4片

▽ = 加线
▼ = 断线

—— = 原白色
▬ = 茶色
—— = 绿色

身片

（花片A） 连接6片

N 带口袋的长披肩 成品图 p.30、p.31

线材 横田DARUMA Rambouillet Wool Cotton 紫粉色（2）330g

钩针 5/0号钩针

钩织密度 10cm×10cm面积内：花样A 30针14行，花样B 26针14.5行

完成尺寸 宽约38.5cm，长156cm

钩织方法

1 钩织花样A（①、②） 钩97针锁针起针，钩织95行花样A（①），没有加减针。在起针针目一侧加线，另一侧钩织94行花样A（②）。

2 钩织花样B（③） 在花样A的两侧分别挑针，左右各钩织4行花样B。

3 钩织花样B（④） 继续在①、②的上下挑针，分别钩织15行花样B。

4 钩织边缘（⑤） ④不断线，一周继续钩织1行边缘。

5 钩织口袋（⑥） 钩47针锁针起针，钩织23行花样。2片口袋钩织完成后，缝在指定位置。

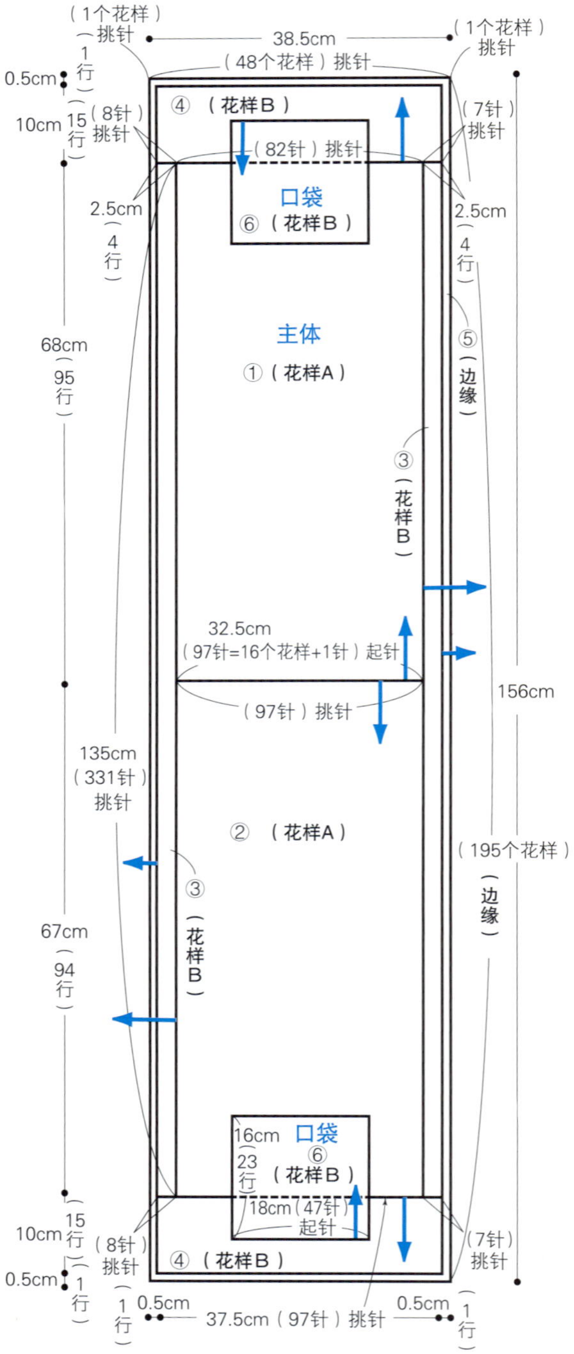

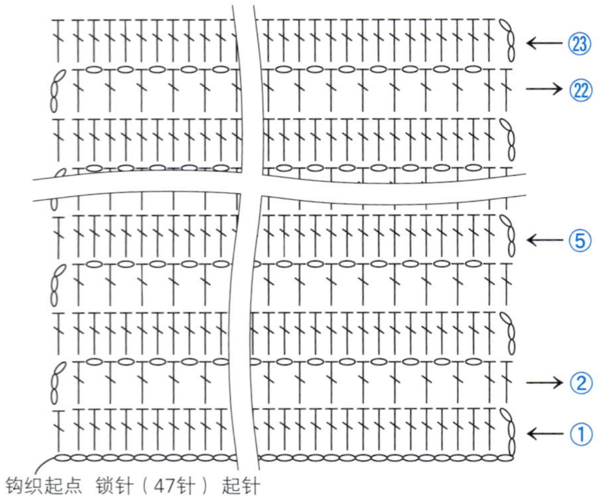

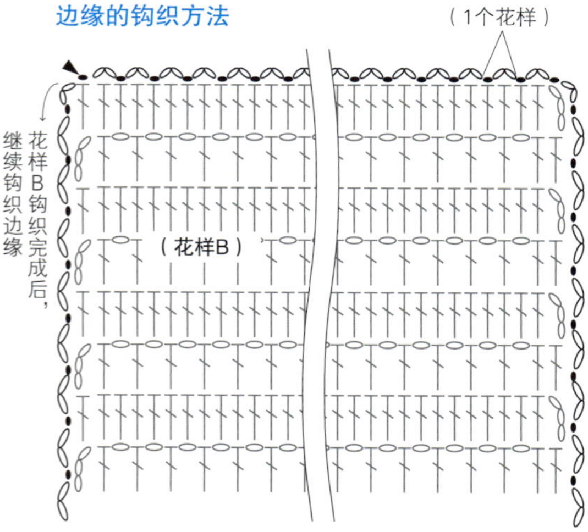

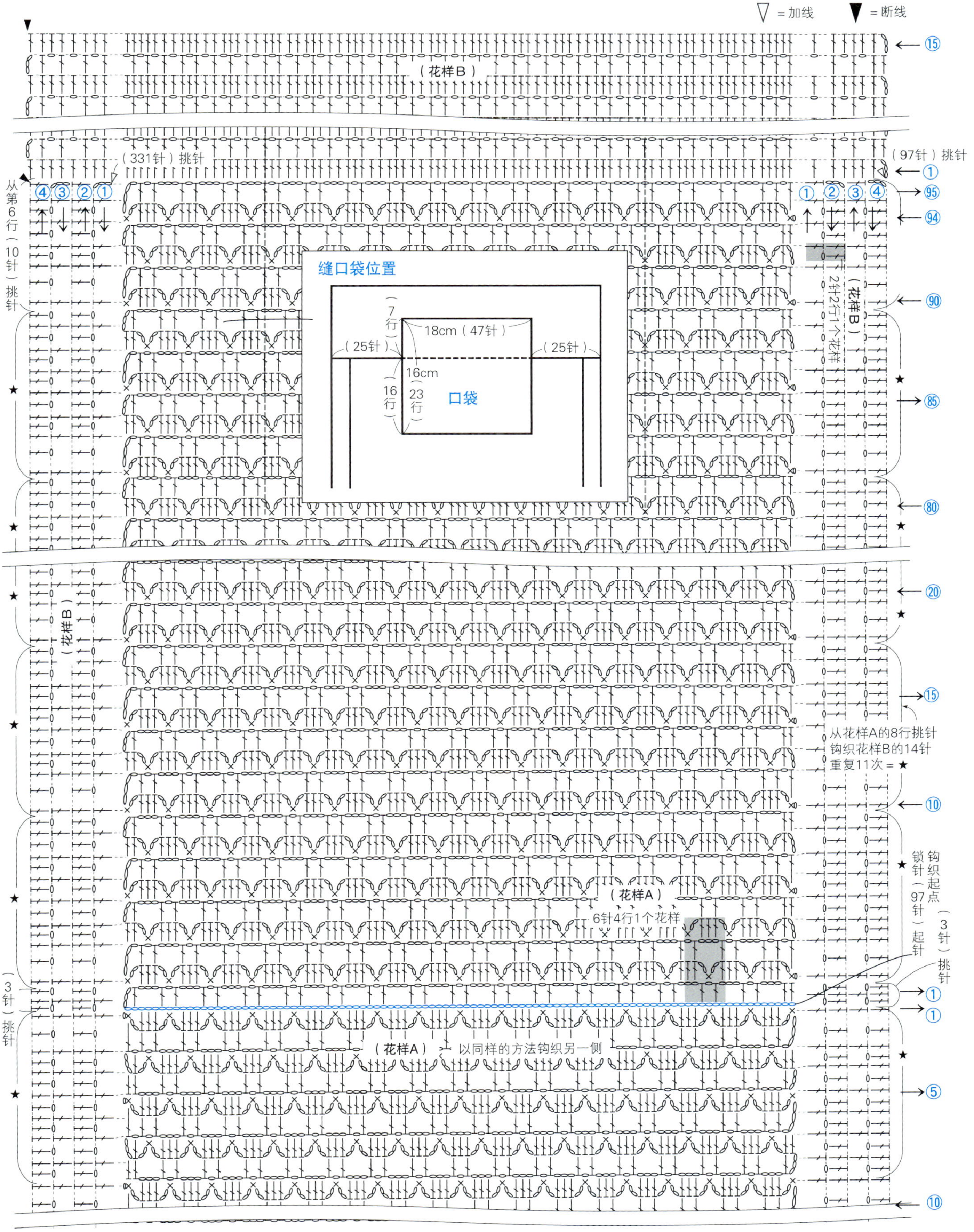

▽ = 加线
▼ = 断线
（花样B）
（331针）挑针
（97针）挑针
从第6行（10针）挑针
缝口袋位置
（7行）
18cm（47针）
（25针）
（25针）
16cm
（16行）
（23行）
口袋
2针2行1个花样
（花样B）
从花样A的8行挑针
钩织花样B的14针
重复11次 = ★
锁针（97针）起针
钩织起点
（3针）挑针
（花样A）
6针4行1个花样
（3针）挑针
（花样A）
以同样的方法钩织另一侧

钩针钩织基础

看钩织符号图的方法

图解是织物从正面看到的样子。在钩针钩织中没有上针和下针的区别(正、反拉针除外)，在片织的情况下，正面和背面的图解都是相同的，两面交替着朝前钩织。

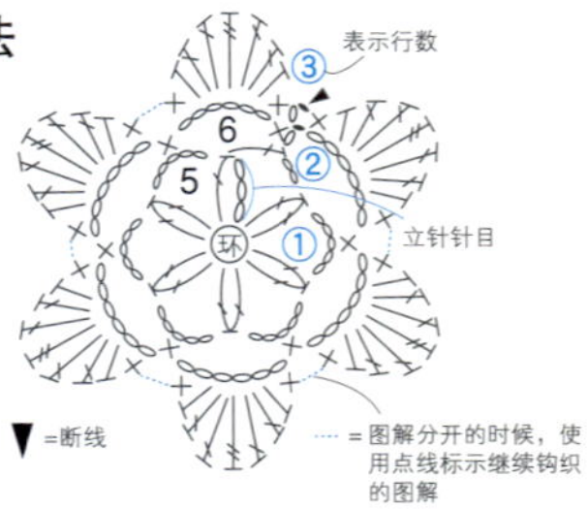

环形钩织(圈织)

中心绕线环(或钩织锁针环)起针，每一行围成圆形钩织。每一行开始时钩织立织的锁针(立针)。织物正面朝前，参照图解从中心向外侧钩织。

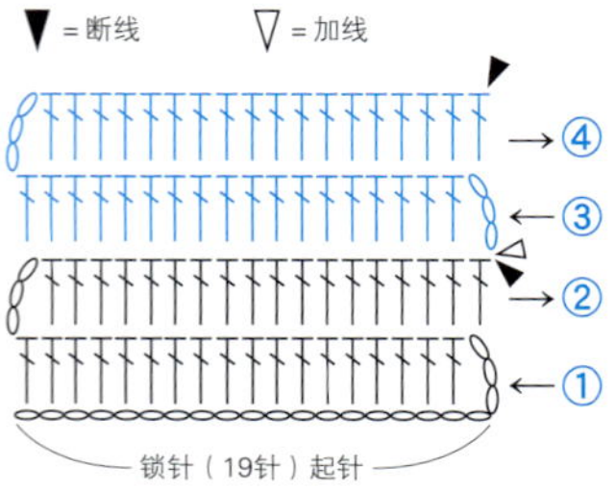

往返钩织(片织)

片织的一个特征就是左右两侧都有立针。立针在右侧时，织物正面朝前，按照图解从右向左钩织。立针在左侧时，织物背面朝前，按照图解从左向右钩织。图示的图解中，第3行更换了配色线。

持针拿线的方法

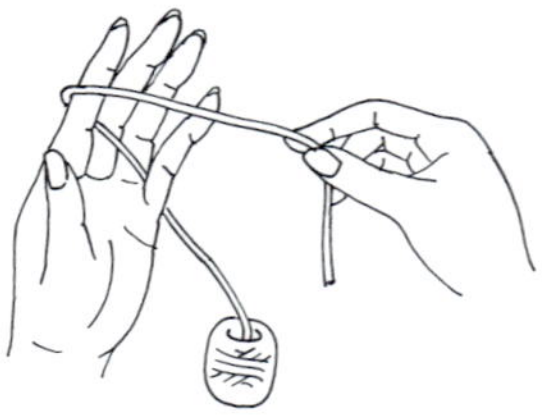

1

将线夹在左手的小指和无名指之间，向前拉出线，挂在食指上，线头置于前侧。

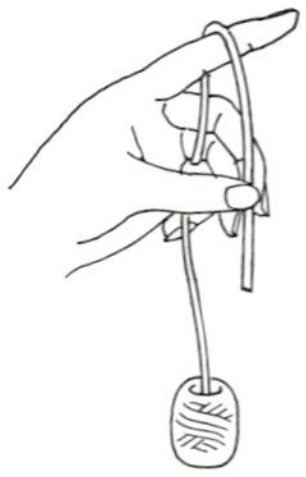

2

左手拇指和中指捏住线头，竖起食指将线绷紧。

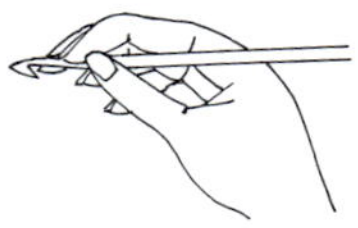

3

右手拇指和食指握住钩针，再用中指轻轻按住针头。

起始针的钩法

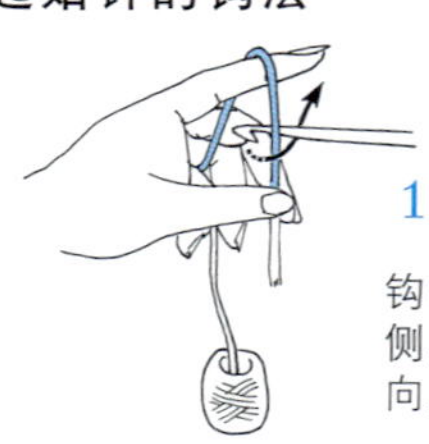

1

钩针置于线的后侧，沿着箭头方向，转动针头。

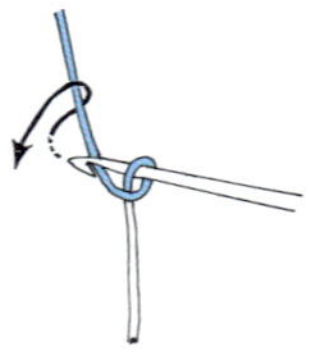

2

钩针挂线。

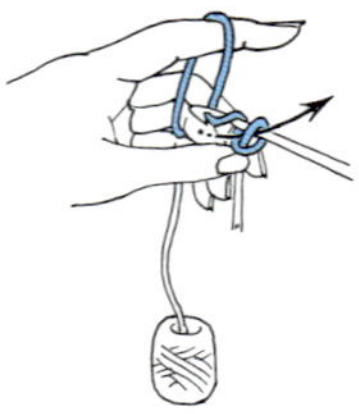

3

将线从线环中拉出。

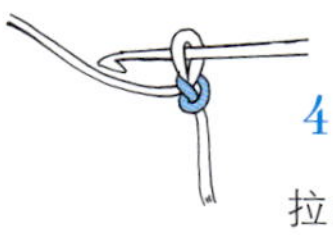

4

拉线头，抽紧线环，完成起始针(这一针不计入针数)。

起针

环形钩织
(圈织，线头绕线环起针)

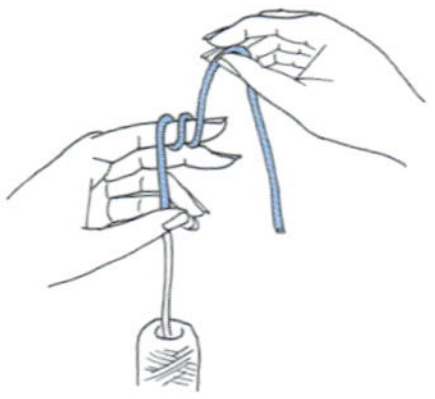

1

将线在左手的食指上绕两圈，制成线环。

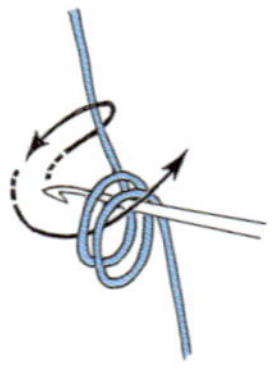

2

取下线环，用手捏住，钩针插入线环中，沿箭头方向，挂线引拔。

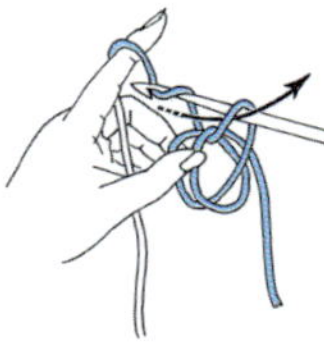

3

钩针再次挂线引拔，钩1针锁针，作为立针。

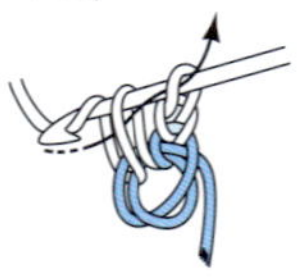

4

钩针插入线环中，钩织所需数量的短针，作为第1行。

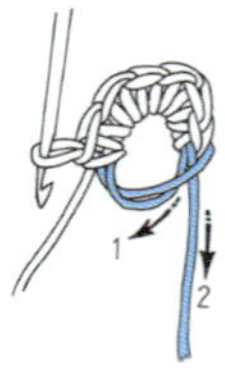

5

先退出钩针，抽拉第一个线环的线1和线头2，抽紧线环。

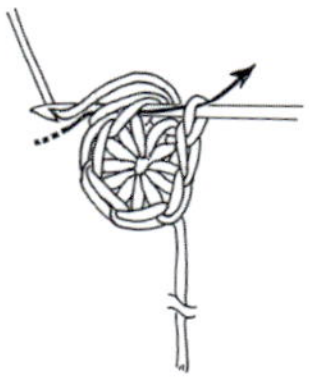

6

完成第1行，将钩针插入第1针短针针目，挂线引拔。

环形钩织
(圈织，钩织锁针连成线环)

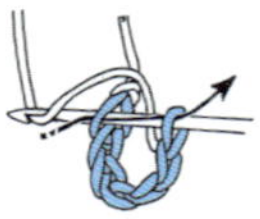

1

钩织所需数量的锁针，钩针插入第1针锁针的半针，引拔。

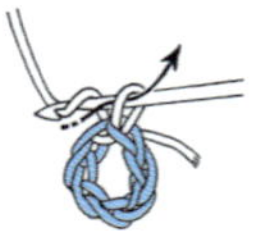

2

钩针挂线引拔。这是作为立织的锁针(立针)。

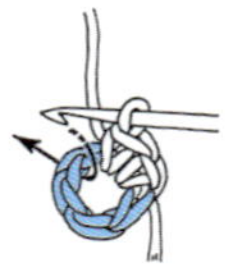

3

钩针插入线环中，在锁针上整段挑针，钩织所需数量的短针，作为第1行。

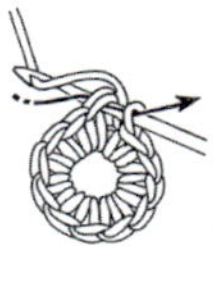

4

完成第1行，将钩针插入第1针短针针目，挂线引拔。

往返钩织
(片织)

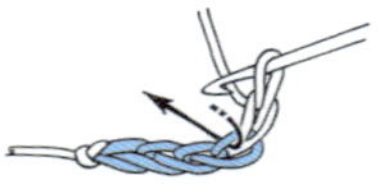

1

钩织所需数量的锁针和作为立织的锁针，钩针插入倒数第2针锁针，挂线引拔。

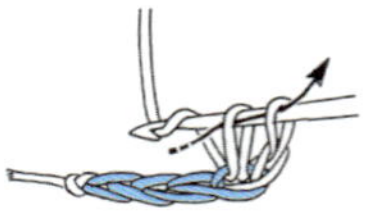

2

钩针挂线，沿着箭头方向引拔。

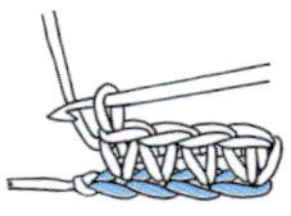

3

钩织完成第1行(立织的1针锁针不计入针数)。

锁针针目

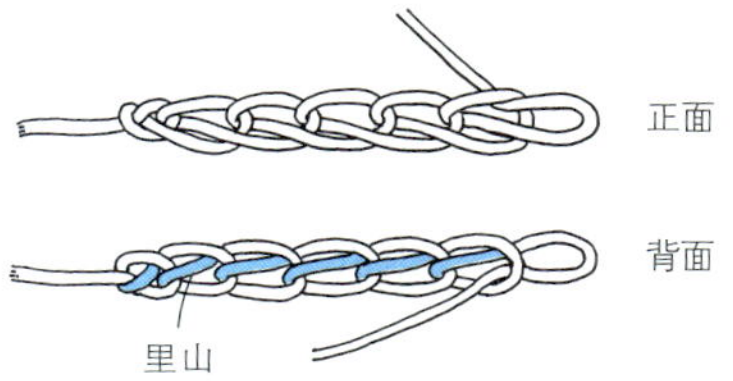

锁针的针目有正面和背面之分。背面中间的 1 根线叫锁针的“里山”。

在前一行针目上的挑针方法

在同一针目上挑针钩织

在锁针上整段挑针钩织

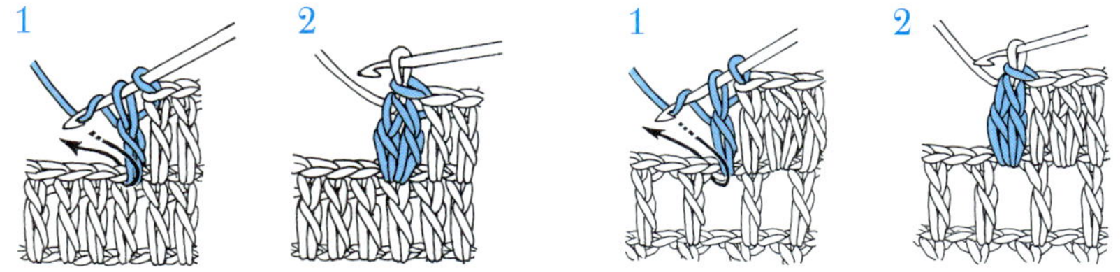

虽然是同样的枣形针，但是根据符号的不同，挑针的方法也不同。符号下方是闭合的时候，钩针插入前一行的同一针目挑针钩织。符号下方是打开的时候，钩针在前一行的锁针上整段挑针钩织。

钩织针法符号

锁针

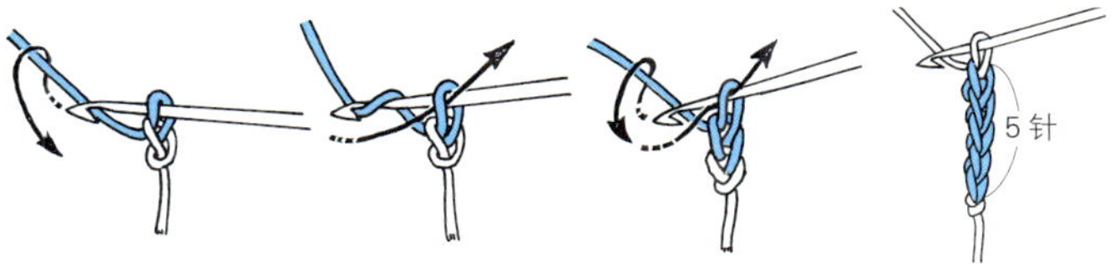

1 完成起始针，钩针挂线。

2 引拔完成锁针。

3 重复“钩针挂线、引拔完成锁针”，继续钩织。

4 完成 5 针锁针。

引拔针

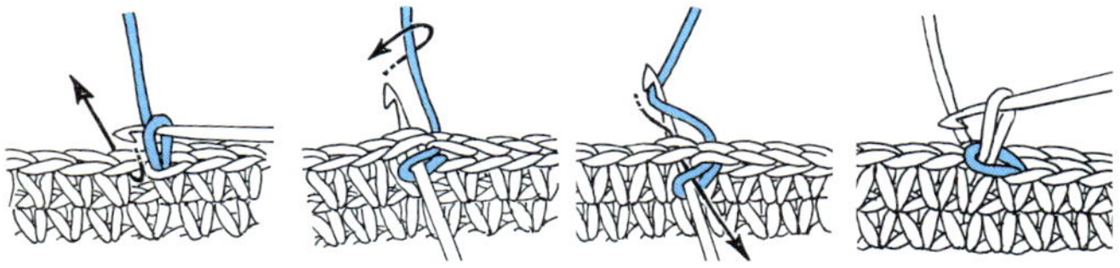

1 钩针插入前一行针目。

2 钩针挂线。

3 引拔。

4 完成 1 针引拔针。

短针

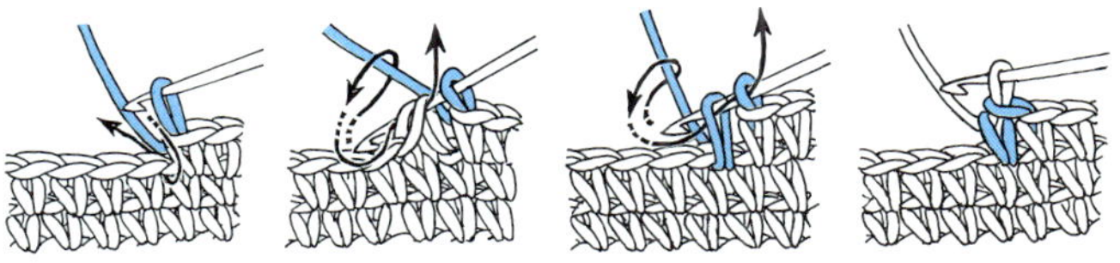

1 钩针插入前一行针目。

2 钩针挂线，沿箭头引拔（引拔后的状态即为未完成的短针）。

3 钩针再次挂线，一次钩过针上的 2 个线圈。

4 完成 1 针短针。

中长针

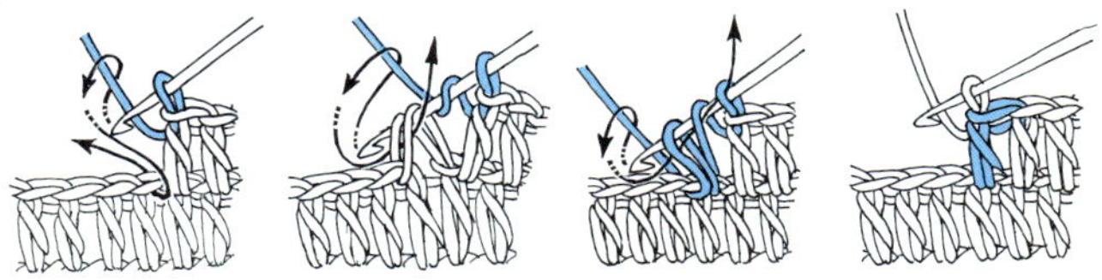

1 钩针挂线，再将钩针插入前一行的针目。

2 钩针再次挂线引拔（引拔后的状态即为未完成的中长针）。

3 钩针挂线，一次钩过针上的 3 个线圈。

4 完成 1 针中长针。

长针

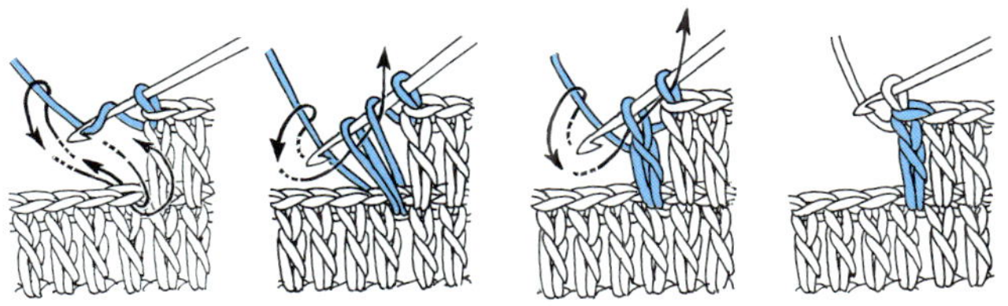

1 钩针挂线，再将钩针插入前一行的针目，钩针再次挂线引拔。

2 沿箭头方向，钩针挂线，一次钩过针上的 2 个线圈（这一状态即为未完成的长针）。

3 钩针再一次挂线，一次钩过针上剩余的 2 个线圈。

4 完成 1 针长针。

长长针　3 卷长针

*（ ）中为钩织 3 卷长针的情况。
*3 卷以上的圈数，以同样的方法在钩针上绕指定的圈数进行钩织。

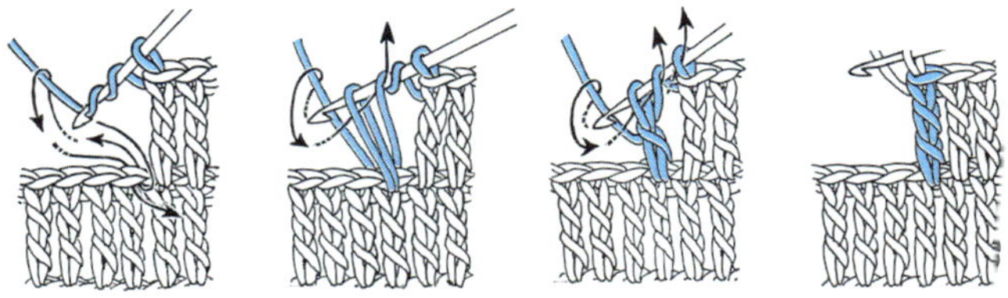

1 钩针绕线 2 圈（3 圈），再将钩针插入前一行的针目，钩针挂线引拔。

2 沿箭头方向，钩针挂线，一次钩过针上的 2 个线圈。

3 以同样的方法，重复 2 次（3 次）。第 1 次（第 2 次）完成时的状态即为未完成的长长针（未完成的 3 卷长针）。

4 完成 1 针长长针。

短针条纹针

＊除短针之外针法的条纹针，以同样的方法，挑前一行针目的上半针，钩织指定针法即可。

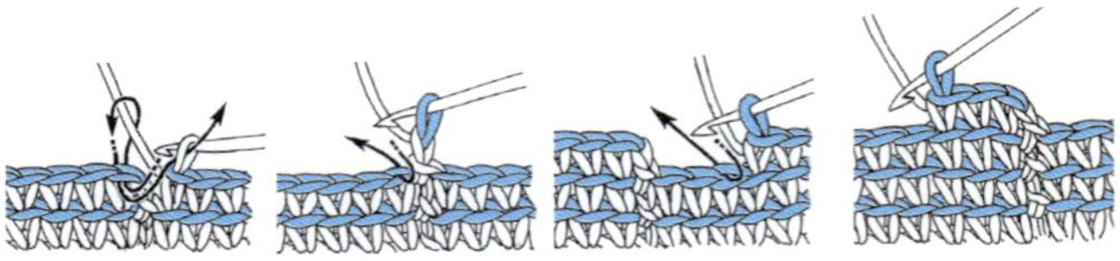

1 正面朝前钩织每一行。钩织1行短针，在第1针上引拔。

2 钩1针锁针作为立针，挑前一行针目的上半针，钩织短针。

3 以同样的方法，继续钩织短针。

4 留出前一行的下半针形成条纹。图为钩织短针条纹针至第3行。

1针放2针短针

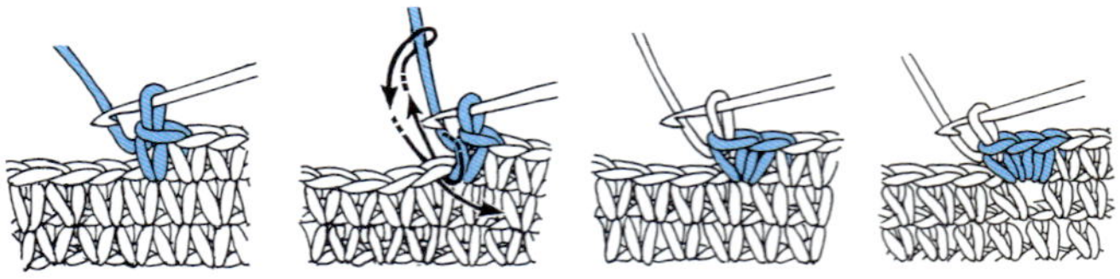

1 钩1针短针。

2 钩针插入同一针目，引拔拉出线圈，再钩织1针短针。

3 完成1针放2针短针。

1针放3针短针

4 在前一行的1针短针中钩出3针短针。比前一行增加2针。

1针放2针长针

＊针数为2针以上或长针以外的其他针法，以同样的方法，在前一行的同一针目上，按照指定的针法钩织指定的针数即可。

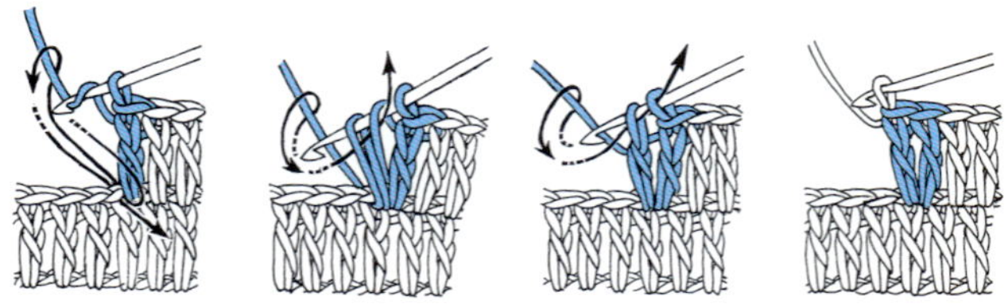

1 钩1针长针，钩针挂线，插入同一针目，挂线引拔。

2 钩针挂线，一次钩过针上的2个线圈。

3 钩针再次挂线，一次钩过针上剩余的2个线圈。

4 完成在前一行的1针针目中钩织2针长针。比前一行增加1针。

3针长针的枣形针

＊针数为3针以上或长针以外的其他针法，以同样的方法，在前一行的同一针上，按照指定针法钩织指定针数的未完成针目，钩针挂线，一次钩过针上的全部线圈即可。

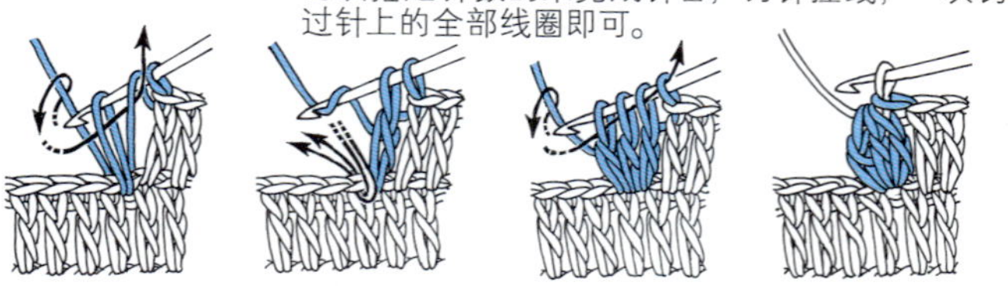

1 在前一行的针目中钩织1针未完成的长针（参照p.77）。

2 钩针插入同一针目，继续钩织2针未完成的长针。

3 钩针挂线，一次钩过针上的4个线圈。

4 完成3针长针的枣形针。

反短针

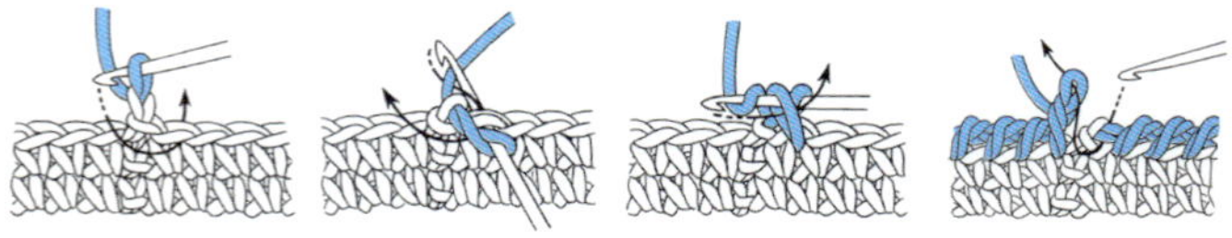

1 钩1针锁针作为立针，沿箭头方向扭转钩针，从正面插入右侧的针目。

2 钩针从线的上方挂线，沿箭头方向引拔。

3 钩针挂线，一次钩过针上的2个线圈。

4 重复步骤1~3，钩织完成后先退出钩针，钩针沿箭头方向插入钩织开始的针目，向针目背面引拔。在背面处理线头。

短针2针并1针

＊针数为2针以上或短针以外的其他针法，以同样的方法钩织指定针数的未完成针目，钩针挂线，一次钩过针上的全部线圈即可。

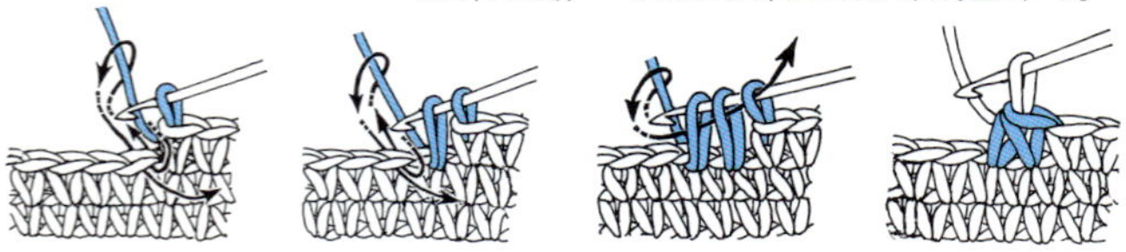

1 沿箭头方向，钩针插入前一行的针目，引拔拉出线圈。

2 以同样的方法，在下一针针目中引拔拉出线圈。

3 钩针挂线，沿箭头方向一次钩过针上的3个线圈。

4 完成短针2针并1针。比前一行减少1针。

长针2针并1针

＊针数为2针以上或长针以外的其他针法，以同样的方法，按照指定的针法，钩织指定针数的未完成针目，钩针挂线，一次钩过针上的全部线圈即可。

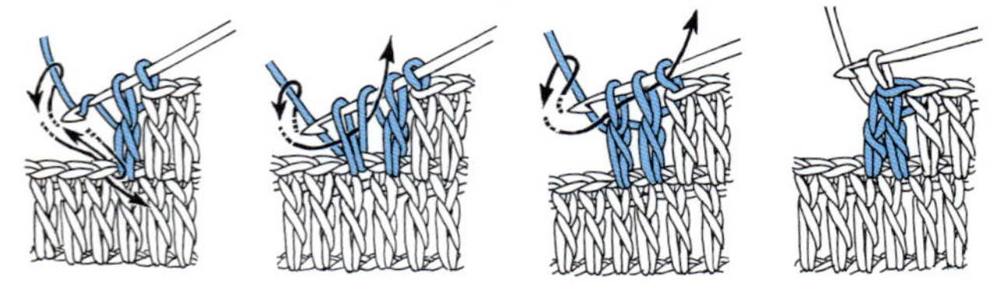

1 在前一行的针目中钩织1针未完成的长针（参照p.77），钩针挂线，沿箭头方向插入下一针针目，挂线引拔。

2 钩针挂线，一次钩过针上的2个线圈，钩织第2针未完成的长针。

3 钩针挂线，沿箭头方向，一次钩过针上的3个线圈。

4 完成长针2针并1针。比前一行减少1针。

3针锁针的狗牙拉针

＊针数为3针以上时，以步骤1同样的方法钩织指定针数，引拔。

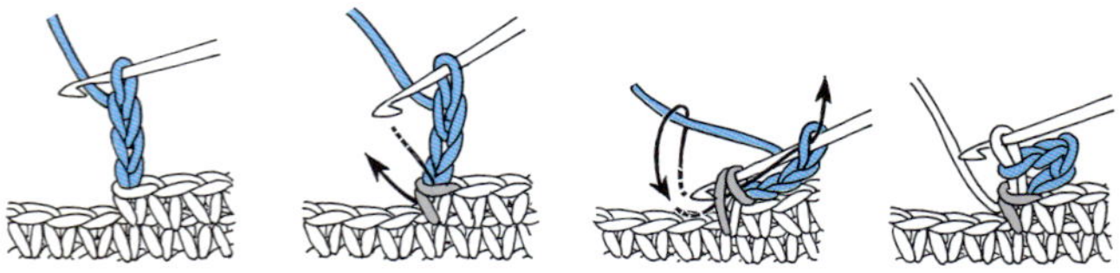

1 钩3针锁针。

2 钩针插入短针针目的半针和根部的1根线。

3 钩针挂线，沿着箭头方向一起引拔。

4 完成3针锁针的狗牙拉针。

长针正拉针

＊由于图解为正面看到的样子，所以在往返钩织中，织物背面朝前时这个符号钩织“反拉针”。
＊长针以外的其他针法，以同样的方法沿步骤 1 的箭头方向插入钩针，钩织指定的针法。

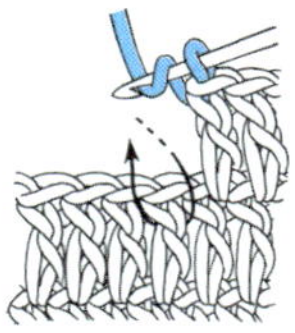

1

钩针挂线，沿箭头方向，从正面插入前一行长针的根部。

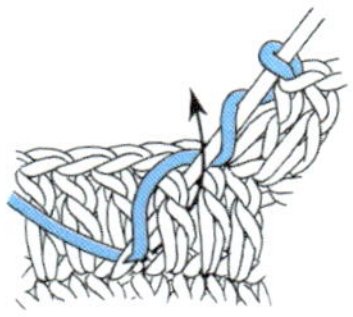

2

钩针挂线，引拔出略长一些的线圈。

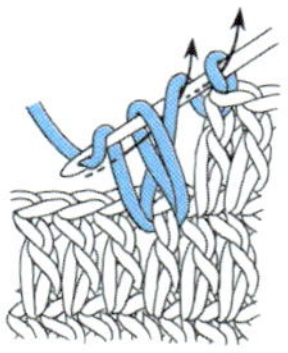

3

钩针再一次挂线，一次钩过针上的 2 个线圈（这一状态即为未完成的长针正拉针）。钩针再次挂线，一次钩过针上剩余的 2 个线圈。

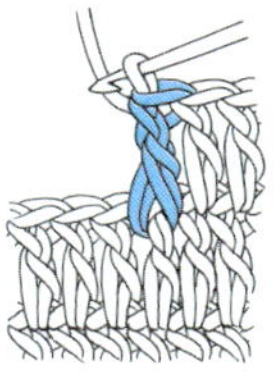

4

完成 1 针长针正拉针。

长针反拉针

＊由于图解为正面看到的样子，所以在往返钩织中，织物背面朝前时这个符号钩织“正拉针”。
＊长针以外的其他针法，以同样的方法沿步骤 1 的箭头方向插入钩针，钩织指定的针法。

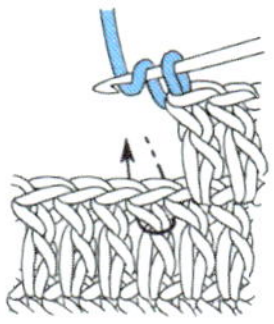

1

钩针挂线，沿箭头方向，从背面插入前一行长针的根部。

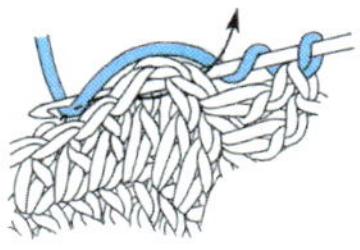

2

钩针挂线，向织物的背面引拔。

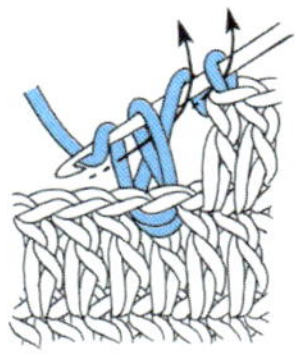

3

引拔出略长一些的线圈，钩针再一次挂线，一次钩过针上的 2 个线圈（这一状态即为未完成的长针反拉针）。钩针再次挂线，一次钩过针上剩余的 2 个线圈。

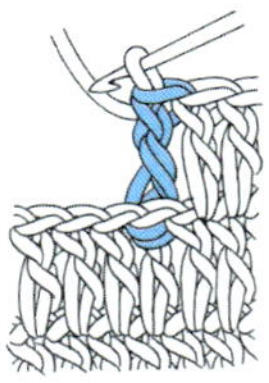

4

完成 1 针长针反拉针。

卷针锁缝

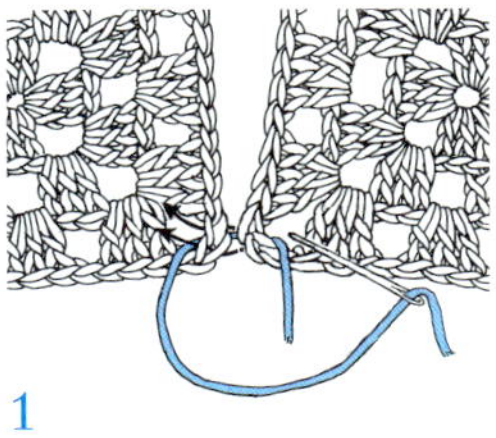

1

2 片织物正面朝上对齐，挑针目的 2 根线拉紧。开始和结束的针目分别挑 2 次。

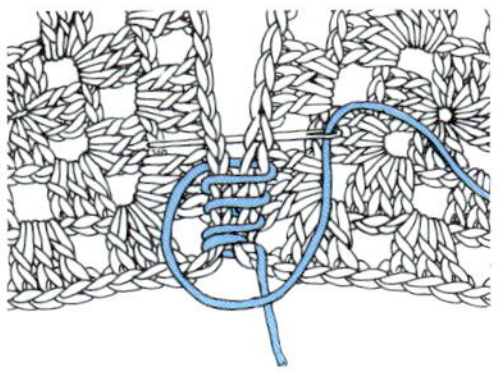

2

两边各挑 1 针缝合。

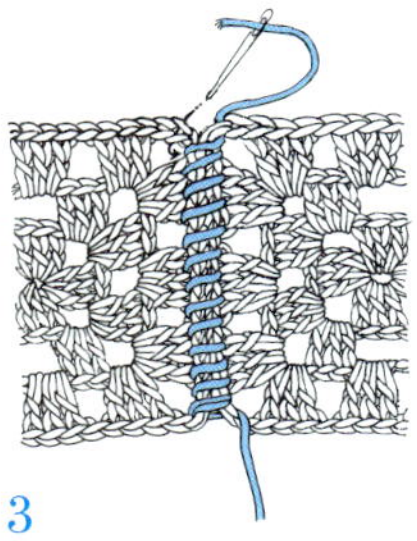

3

缝合至边端。

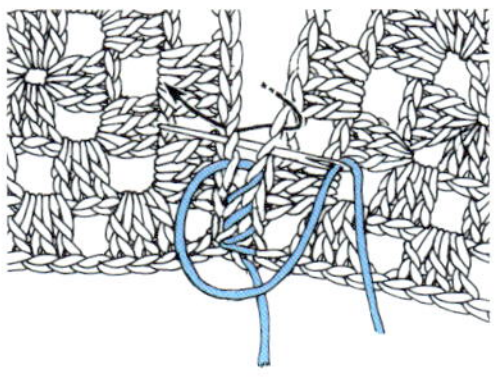

挑半针卷针锁缝的方法

2 片织物正面朝上对齐，挑外侧的半针（针目的 1 根线）拉紧。开始和结束的针目分别挑 2 次。

引拔接合

＊引拔针以外的其他针法，以同样的方法，钩针插入 2 片织物，钩织指定的针法。

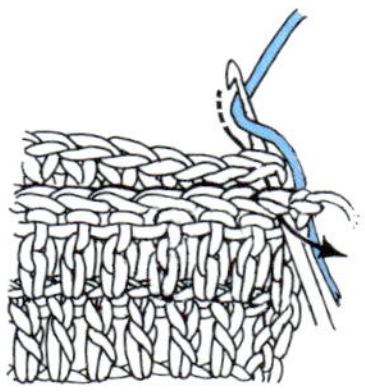

1

2 片织物正面朝外对齐（也有背面朝外的情况），钩针插入边端的针目引拔，再一次钩针挂线引拔。

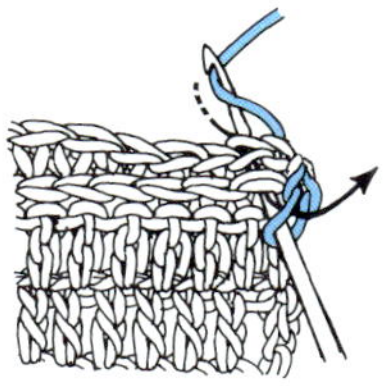

2

钩针插入下一针，挂线引拔。重复这一步骤，一针一针引拔接合。

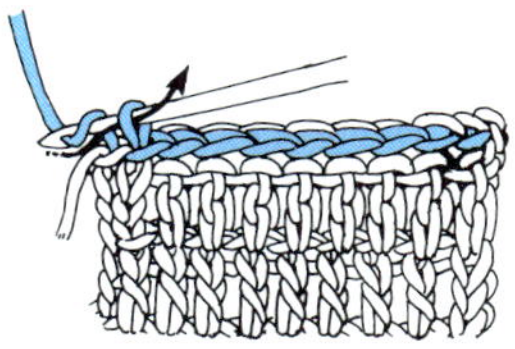

3

接合完成后，钩针挂线引拔，断线。

图书在版编目（CIP）数据

时尚的钩针编织超实用毛衫 / 日本 E&G 创意编著；
项晓笈译 . -- 郑州 : 河南科学技术出版社 , 2025. 5.
ISBN 978-7-5725-2035-8
Ⅰ . TS941.763-64
中国国家版本馆 CIP 数据核字第 2025TE2049 号

出版发行：河南科学技术出版社
地址：郑州市郑东新区祥盛街27号　　邮编：450016
电话：（0371）65787028　　65788613
网址：www.hnstp.cn
出 版 人：乔　辉
策划编辑：梁莹莹
责任编辑：梁莹莹
责任校对：王晓红
封面设计：张　伟
责任印制：徐海东
印　　刷：河南博之雅印务有限公司
经　　销：全国新华书店
开　　本：889 mm × 1 194 mm　　1/16　　印张：5　　字数：180千字
版　　次：2025年5月第1版　　2025年5月第1次印刷
定　　价：49.00元
